荣获中国电子教育学会电子信息类第二届职业教育优秀教材二等奖
职业院校教学用书（电子类专业）

电子材料与元器件

蔡清水　蔡　博　主编

电子工业出版社
Publishing House of Electronics Industry
北京·BEIJING

内 容 简 介

本书从职业教育的发展实际出发，贯彻落实"以服务为宗旨、以就业为导向、以能力为本位"的职业教育办学指导思想，结合有关的职业资格标准和行业职业技能鉴定标准，立足于少理论多实际，着重从使用者的角度，介绍基本及新型的电子材料、元件与器件之分类、结构、性能、主要参数、品种型号、检测方法和典型应用。

全书共分十章。主要介绍电子材料及各种类型的电阻器、电容器、电感器、半导体分立器件、集成电路、半导体显示器件、电声器件、谐振元件及开关与接插件等。书中每一节末尾均配有适量的习题，供学习者思考。

本书涵盖面宽，图文并茂，内容浅显，文字简练，通俗易懂。可作为职业院校、技工学校教材，也可作为从事有关电子专业的生产和维修人员的培训教材及电子技术爱好者的自学参考书。

未经许可，不得以任何方式复制或抄袭本书之部分或全部内容。
版权所有，侵权必究。

图书在版编目（CIP）数据

电子材料与元器件 / 蔡清水，蔡博主编.—北京：电子工业出版社，2010.7
职业院校教学用书. 电子类专业
ISBN 978-7-121-11197-6

Ⅰ.①电… Ⅱ.①蔡…②蔡… Ⅲ.①电子材料—高等学校：技术学校—教材 ②电子元件—高等学校：技术学校—教材 ③电子器件—高等学校：技术学校—教材 Ⅳ.①TN04②TN6

中国版本图书馆 CIP 数据核字（2010）第 119790 号

策划编辑：杨宏利
责任编辑：杨宏利
印　　刷：北京虎彩文化传播有限公司
装　　订：北京虎彩文化传播有限公司
出版发行：电子工业出版社
　　　　　北京市海淀区万寿路 173 信箱　邮编　100036
开　　本：787×1 092　1/16　印张：11.5　字数：294.4 千字
版　　次：2010 年 7 月第 1 版
印　　次：2024 年 8 月第13次印刷
定　　价：20.00 元

凡所购买电子工业出版社图书有缺损问题，请向购买书店调换。若书店售缺，请与本社发行部联系，联系及邮购电话：（010）88254888，88258888。
质量投诉请发邮件至 zlts@phei.com.cn，盗版侵权举报请发邮件至 dbqq@phei.com.cn。
本书咨询联系方式：（010）88254592，bain@phei.com.cn。

前言

随着职业教育培养技能型、实用型人才,培养从事生产、技术、服务、管理一线的高素质劳动者的定位,以及科学技术的发展,特别是电工、电子技术日新月异的发展,电气工程技术从业人员在迅速增加。

为适应职业教育改革方向,充分体现新知识、新技术、新工艺和新材料,更加贴近教学的实际需求。本书在教学内容上立足于少理论多实际,以启蒙为目的,强调具体操作,以利于读者"学习知识,掌握技能"目标的实现;并参考有关职业技能鉴定标准,注意衔接岗位,贴近生产实践,兼顾考工要求。在实施教学过程中力求深入浅出,循序渐进。力图体现以全面素质教育为基础、以就业为导向、以职业能力为本位、以学生为主体的教学理念。

本书采用现行国家标准的图形和文字符号,遵循同一体例来编写每一节。通过大量的实物图片和图表,着重从使用者的角度,介绍常用的和基本的电子材料、元件与器件之分类、结构、性能、主要参数、品种型号、适用范围、检测方法、典型应用和使用时的注意事项。并对新型的电子材料、元器件也择要作了适当介绍。利于教学,便于自学。

本书由蔡清水、蔡博共同主编。辛从阳、喻安年、黄斌、余力、罗永高、朱明伟和谌键参加了编写。

由于编者水平、经验有限,时间仓促,书中难免存在疏漏和不足之处,恳请广大读者提出批评与建议。

教材建议学时方案如下表,供任课教师参考。

课时分配参考表

内 容	课时数	内 容	课时数
第一章 常用电子材料	10	第七章 半导体显示器件	4
第二章 电阻及电阻元件	5	第八章 电声器件	3
第三章 电容及电容元件	4	第九章 谐振元件	2
第四章 电感及电感元件	3	第十章 开关与接插件	3
第五章 半导体分立器件	6	机动及复习考核	6
第六章 集成电路	5	总 计	51

编 者

2010 年 6 月

目　录

第一章　常用电子材料 ... 1

第一节　常用线材 ... 1
　　第一部分　实例示范 ... 1
　　第二部分　基本知识 ... 2
　　第三部分　课后练习 ... 7

第二节　绝缘材料 ... 7
　　第一部分　实例示范 ... 8
　　第二部分　基本知识 ... 8
　　第三部分　课后练习 ... 13

第三节　磁性材料 ... 13
　　第一部分　实例示范 ... 13
　　第二部分　基本知识 ... 13
　　第三部分　课后练习 ... 17

第四节　常用工具、仪表、器材 ... 18
　　第一部分　实例示范 ... 18
　　第二部分　基本知识 ... 18
　　第三部分　课后练习 ... 24

第五节　电池 ... 25
　　第一部分　实例示范 ... 25
　　第二部分　基本知识 ... 26
　　第三部分　课后练习 ... 30

第二章　电阻及电阻元件 ... 31

第一节　电阻器 ... 31
　　第一部分　实例示范 ... 31
　　第二部分　基本知识 ... 32
　　第三部分　课后练习 ... 40

第二节　电位器 ... 41
　　第一部分　实例示范 ... 41
　　第二部分　基本知识 ... 41
　　第三部分　课后练习 ... 46

第三节　敏感电阻器 ... 46
　　第一部分　实例示范 ... 46
　　第二部分　基本知识 ... 47
　　第三部分　课后练习 ... 50

第三章 电容及电容元件 ... 51

第一节 电容器概述 ... 51
第一部分 实例示范 ... 51
第二部分 基本知识 ... 52
第三部分 课后练习 ... 56

第二节 固定电容器 ... 56
第一部分 实例示范 ... 56
第二部分 基本知识 ... 57
第三部分 课后练习 ... 63

第三节 可变电容器 ... 63
第一部分 实例示范 ... 63
第二部分 基本知识 ... 64
第三部分 课后练习 ... 66

第四章 电感及电感元件 ... 67

第一节 电感元件的基本知识 ... 67
第一部分 实例示范 ... 67
第二部分 基本知识 ... 68
第三部分 课后练习 ... 70

第二节 电感器 ... 71
第一部分 实例示范 ... 71
第二部分 基本知识 ... 71
第三部分 课后练习 ... 73

第三节 小型变压器 ... 74
第一部分 实例示范 ... 74
第二部分 基本知识 ... 74
第三部分 课后练习 ... 77

第五章 半导体分立器件 ... 78

第一节 二极管 ... 78
第一部分 实例示范 ... 78
第二部分 基本知识 ... 78
第三部分 课后练习 ... 82

第二节 特殊二极管 ... 83
第一部分 实例示范 ... 83
第二部分 基本知识 ... 83
第三部分 课后练习 ... 86

第三节 三极管 ... 86
第一部分 实例示范 ... 86
第二部分 基本知识 ... 87

　　　　第三部分　课后练习 ··· 91
第四节　场效应管 ··· 92
　　　　第一部分　实例示范 ··· 92
　　　　第二部分　基本知识 ··· 92
　　　　第三部分　课后练习 ··· 96
第五节　晶体闸流管 ·· 96
　　　　第一部分　实例示范 ··· 96
　　　　第二部分　基本知识 ··· 97
　　　　第三部分　课后练习 ··· 99
第六节　光敏器件 ·· 100
　　　　第一部分　实例示范 ·· 100
　　　　第二部分　基本知识 ·· 100
　　　　第三部分　课后练习 ·· 103

第六章　集成电路 ··· 104
　第一节　集成运算放大器 ··· 106
　　　　第一部分　实例示范 ·· 106
　　　　第二部分　基本知识 ·· 106
　　　　第三部分　课后练习 ·· 107
　第二节　数字集成电路 ·· 108
　　　　第一部分　实例示范 ·· 108
　　　　第二部分　基本知识 ·· 108
　　　　第三部分　课后练习 ·· 111
　第三节　功能集成电路 ·· 112
　　　　第一部分　实例示范 ·· 112
　　　　第二部分　基本知识 ·· 112
　　　　第三部分　课后练习 ·· 118
　第四节　集成稳压器 ·· 118
　　　　第一部分　实例示范 ·· 119
　　　　第二部分　基本知识 ·· 119
　　　　第三部分　课后练习 ·· 123
　第五节　无线遥控器 ·· 124
　　　　第一部分　实例示范 ·· 124
　　　　第二部分　基本知识 ·· 124
　　　　第三部分　课后练习 ·· 127

第七章　半导体显示器件 ··· 128
　第一节　发光二极管 ·· 128
　　　　第一部分　实例示范 ·· 128
　　　　第二部分　基本知识 ·· 128

                第三部分　课后练习 131
        第二节　LED 显示屏 131
                第一部分　实例示范 131
                第二部分　基本知识 132
                第三部分　课后练习 136
        第三节　液晶显示器 136
                第一部分　实例示范 136
                第二部分　基本知识 137
                第三部分　课后练习 141

第八章　电声器件 142

    第一节　扬声器 143
            第一部分　实例示范 143
            第二部分　基本知识 143
            第三部分　课后练习 145
    第二节　耳机和蜂鸣器 146
            第一部分　实例示范 146
            第二部分　基本知识 146
            第三部分　课后练习 150
    第三节　传声器 150
            第一部分　实例示范 151
            第二部分　基本知识 151
            第三部分　课后练习 154

第九章　谐振元件 155

    第一节　石英晶体 155
            第一部分　实例示范 155
            第二部分　基本知识 156
            第三部分　课后练习 159
    第二节　滤波器 159
            第一部分　实例示范 159
            第二部分　基本知识 159
            第三部分　课后练习 162

第十章　开关与接插件 163

    第一节　普通开关 163
            第一部分　实例示范 163
            第二部分　基本知识 164
            第三部分　课后练习 166
    第二节　智能开关 167

　　　　第一部分　实例示范 …………………………………………………………… 167
　　　　第二部分　基本知识 …………………………………………………………… 167
　　　　第三部分　课后练习 …………………………………………………………… 169
　第三节　常用接插件 ………………………………………………………………… 170
　　　　第一部分　实例示范 …………………………………………………………… 170
　　　　第二部分　基本知识 …………………………………………………………… 170
　　　　第三部分　课后练习 …………………………………………………………… 173

第一章 常用电子材料

材料是人类赖以生存和发展的物质基础，一直是人类进步的一个重要里程碑，如历史上的石器时代、青铜器时代和铁器时代等。在一定意义上讲，材料是科学技术的先导，一种新型材料的研制成功，就使得新的科学技术成为现实生产力，从而引起人类文化和生活的新变化。材料的一般分类如表 1-1-1 所示。

表 1-1-1 材料的一般分类

分 类	材料名称
用途	电子、电工、光学、建筑、研磨、耐火、耐酸、包装
物理性质	导电、绝缘、半导体、磁性、高强度、高温、超硬、透光
物理效应	压电、热电、光电、电光、声光、磁光、激光
化学性质	金属、非金属、有机高分子
内部结构	单晶、多晶、非晶态、复合

电子材料是指在电子技术和微电子技术中使用的材料，其功能与材料内部的电子结构有着密切的关系。电子材料依其用途可分为如表 1-1-2 所示的分类。

表 1-1-2 电子材料的分类

分 类	用 途	分 类	用 途
导电材料	发电、输送供电	民用品材料	各种家用电器产品
电机材料	电机、自动化设备、仪器、电力拖动系统	资讯材料	计算机、移动电话、通讯卫星
空间技术材料	航空、太空雷达、声纳		

第一节 常用线材

导电材料是现代生产、生活中广泛运用的原材料，一般情况下我们将常用的导电材料按其在室温下的电阻率（数值上等于这种材料制成的长为 1m，横截面积为 $1m^2$ 的导体的电阻）划分成导体、半导体和绝缘体。如金、银、铜、钴、铁一类，电阻率约在 $10^{-8}\Omega\cdot m \sim 10^{-6}\Omega\cdot m$ 之间的称为导体；如玻璃、陶瓷、石英一类，电阻率约在 $10^{8}\Omega\cdot m \sim 10^{18}\Omega\cdot m$ 之间的称为绝缘体；如硅、锗、砷一类，电阻率约在 $10^{-5}\Omega\cdot m \sim 10^{6}\Omega\cdot m$ 之间的称为半导体。

第一部分 实例示范

图 1-1-1 所示为几种不同的导线，查出它们的名称和用途，并将结果填入表 1-1-3 中。

  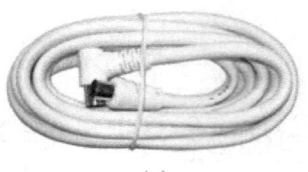 

(a)　　　　　　　(b)　　　　　　　(c)　　　　　　　(d)

图 1-1-1　导线图

表 1-1-3　导线的名称和用途

序号	名称	用途	序号	名称	用途
a	圆铝裸线	各种电线电缆的导电体	b	漆包线	制造中、小型电机、变压器的线圈
c	闭路线	传输电视信号	d	电力电缆线	敷设在室内外、隧道或地层内传输电力

第二部分　基本知识

常用来传输电能和进行电磁转换的线材有裸导线、电磁线、绝缘电线、电力电缆线、通信电缆线等。导电材料用汉语拼音字母代表各类材料型号的含义。如：T-铜，L-铝，G-钢，Y-硬，R-软，Q-漆线等；型号由材质、构造、状态几部分组成；规格圆形以标称截面积 mm^2 表示，扁形以厚（mm）、宽（mm）表示。

铜和铝是最常用的导电材料，它们的机械性能、导电性能都较良好，所以主要用来制造电线、电缆。

一、裸导线

裸导线是不包任何绝缘层或保护层的导线。除作为传输电能和信息的导线外，还可用于制造电机、电器的构件和连接线。裸导线不仅有良好的导电性能，而且还有一定的机械性能。

（一）裸导线的分类

裸导线按结构形状分类如表 1-1-4 所示。

表 1-1-4　裸导线按结构形状分类

分类	构成	应用
圆单线	横截面为圆形的单根裸线	可用于架空线、载波避雷线
绞线	由多根裸导线按一定规则以螺旋形绞合而成	具有较高机械强度，适用于配电线路
软接线	多根小截面导线按一定规则螺旋形绞合或编织而成	铜电刷线、铜天线以及电机、电器内部件间连接的铜编织线
型线	横截面为梯形、矩形等的裸线	制造电机电器绕组用的扁铜线、扁铝线、空心铜铝线、铜母线、铝母线、梯形铜线（电机换向器用）以及电力机车用的电车线

（二）常用裸导线简介

常用裸导线的名称、型号及用途如表 1-1-5 所示。

表 1-1-5 常用裸导线的名称、型号及用途

种类		型号	用途
单线	圆铜线	TR（软圆铜线）	各种电线电缆的导电体
		TY（硬圆铜线）	
	圆铝线	LR（软圆铝线）	
		LY（硬圆铝线）	
裸绞线	铝绞线	LJ	1kVA 以下低压短距离架空输电线路
	钢芯铝绞线	LGJ	
	轻型钢芯铝绞线	LGJQ	1kVA 以上高压、长距离输电线路
	加强型钢芯铝绞线	LGJJ	
	硬铜绞线	TJ	抗拉强度高，耐腐蚀，用于高低压输电线
	软铜绞线	TJR	适用于电器装备及电子电器或元件的连接线
	镀锌钢绞线	GJ	避雷线

二、电磁线

电磁线是专门用于实现电能与磁能相互转换场合的有绝缘层的导线。常用于制造电动机、变压器、电器的线圈，不能用于布线及电器设备的连接。常用电磁线的名称、型号及用途如表 1-1-6 所示。

表 1-1-6 常用电磁线的名称、型号及用途

名称	型号	用途
漆包线	Q、QQ、QA、QH、QZ、QXY、QY、QAN	适用于制造中、小型电机，变压器的线圈
绕包线	Z、ZL、ZB、ZLB、SBEC、SBECB、SE、SQ、SQZ	适用于油浸式变压器的线圈、大中型电机绕组、发电机线圈。与漆包线相比，其绝缘层较厚，电性能更优，常用于大中型耐高温的设备
无机绝缘电磁线	YML、YMLB、TC	适用于制造高温有辐射场所的电机、电器设备的线圈
特种电磁线	SQJ、SEQJ、QQLBH、QQV、QZJBSB	适用于潜水电机、大型变压器等线圈或绕组

三、绝缘电线

绝缘电线与裸导线不同，外有绝缘层，能起到隔离、保护作用，因而应用广泛。常用绝缘电线的名称、型号及用途如表 1-1-7 所示。

表 1-1-7 常用绝缘电线的名称、型号及用途

名 称	型 号 铝芯线	型 号 铜芯线	用 途	示例实物图
棉线编织橡胶绝缘导线	BLX	BX	适用于交流 500V、直流 1000V 以下的电气设备和动力、照明线路	
氯丁橡胶绝缘导线	BLXF	BXF		
聚氯乙烯绝缘软导线		BVR	适用于交直流移动式电器、电工仪表、电信设备及自动化装置以及日用电器和照明线路	
聚氯乙烯绝缘导线	BLV	BV	导线耐湿性和耐气候性比较好，用途与聚氯乙烯绝缘软导线相同	
聚氯乙烯绝缘护套导线	BLVV	BVV	适用于潮湿的或机械防护要求较高的场合，可明敷、暗敷或直接埋于地层内	
聚氯乙烯绝缘软导线	——	RV		
聚氯乙烯绝缘平行软导线	——	RVB	适用于各种移动电器、仪表、电信设备及自动化装置接线	
聚氯乙烯绝缘绞型软导线	——	RVS		

四、电力电缆线

电力电缆线由缆芯、绝缘层和保护层组成。主要用于输电和配电，其输送和分配的电能功率大，经久耐用，可埋入地下，不受气候条件影响。常用电力电缆线的名称、型号及用途如表 1-1-8 所示。

表 1-1-8 常用电力电缆线的名称、型号及用途

名 称	型 号	用 途	示例实物图
铜芯聚氯乙烯绝缘聚氯乙烯护套电力电缆线	BV	敷设在室内外、隧道或沟内，或直接埋在地层内。线芯有单芯、二芯、三芯等	
铝芯聚氯乙烯绝缘聚氯乙烯护套电力电缆线	BLV		

续表

名 称	型 号	用 途	示例实物图
轻型铜芯橡胶绝缘护套电力电缆线	YHQ	适用于移动电器设备。线芯有单芯、二芯、三芯、四芯等	
中型铜芯橡胶绝缘护套电力电缆线	YHZ		
重型铜芯橡胶绝缘护套电力电缆线	YHC		

五、通信导线

常用通信导线，如表 1-1-9 所示。

表 1-1-9　常用通信导线

名 称	示例实物图	名 称	示例实物图	名 称	示例实物图
护套铜丝编制屏蔽线		屏蔽线		塑料绝缘双根绞合软线	
铜芯护套线		铝芯护套线		橡套软线	
麦克风线		电话线		音频线	
音频转接线		视频线		闭路线	
光缆		通信电缆		网线	

六、电缆的连接

（一）常用电缆的连接

常用电缆的连接方式与操作说明，如表 1-1-10 所示。

表 1-1-10　常用电缆的连接方式与操作说明

连接方式	操作说明	操作图示
焊接	将通信导线与接线端子之间用焊锡丝焊接	

续表

连接方式	操作说明	操作图示
绕接	将通信导线有序地绕在带有棱角的针状接续端子上，使导线线匝与接线柱棱角间形成紧密连接。 接线时采用手动或自动绕线器，拆线时采用退绕工具在不损坏接线端子的前提下将绕接的导线拆下	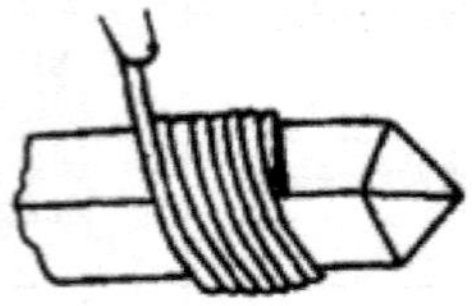
压接	用特制的压线接线工具（a），将通信导线紧紧压住，使接线和端子接触良好（b）。也可将导体的绝缘层和导体一并压接，形成不暴露导体的连接	 （a）压线钳 　（b）压接
卡接	用卡接刀（a）把导线压嵌进特制的接线模块接线端子的接线簧片缝中（b），导线绝缘层被簧片割开，露出导线的导体，使其嵌入接线簧片的两个接触面之间。由于簧片与导线形成一定的倾斜角度，使导体表面除受接线簧片的正常回复力的压力外，还受到接线簧片的扭转力的作用，形成永久不变，且与外界空气隔绝的接触点，成为不暴露的接线	 （a）卡接刀 　（b）卡接

（二）网线的制作

制作网线用的 RJ45 水晶头由金属片和塑料构成，将插头的末端面向读者，针脚的接触点插头朝下方，则最左边为 1 脚、最右边为 8 脚，如图 1-1-2（a）所示。序号对于网络连线非常重要，不能接错。一般网络连线，如图 1-1-2（b）所示。

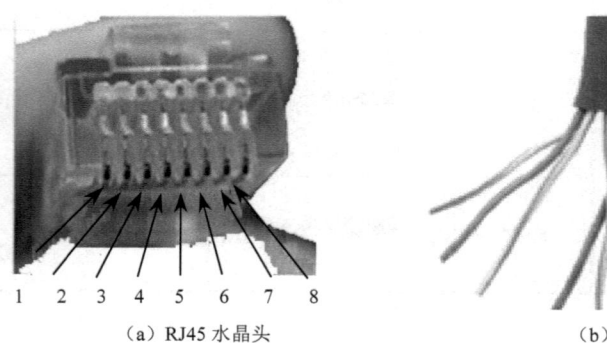

（a）RJ45 水晶头 　　　　（b）网线

图 1-1-2　RJ45 水晶头与网线图

两种不同标准的网线线序，如表 1-1-11 所示。局域网一般选择 T568B 标准。制作网线的常用步骤，如表 1-1-12 所示。

表 1-1-11　T568A 标准和 T568B 标准线序表

标准	1	2	3	4	5	6	7	8
T568A	白绿	绿	白橙	蓝	白蓝	橙	白棕	棕
T568B	白橙	橙	白绿	蓝	白蓝	绿	白棕	棕
绕对	同一绕对		与6同一绕对	同一绕对		与3同一绕对	同一绕对	

表 1-1-12 网线的制作

步骤	1	2	3	4
操作说明	用网线钳剪一段符合长度要求的双绞线，将其一端直插至网线钳用于剥线的刀口中，顶到网线钳后面的挡位；压下网线钳手柄后慢慢把网线旋转一圈；然后松开网线钳手柄，把切断开的网线保护塑料包皮拔下，露出四对八条芯线	剪掉用于屏蔽的线状物，按照标准把四对芯线一排展开，用网线钳的剪线刀口剪齐重新排列线序的各条芯线	左手水平握住水晶头（带塑料扣的一面斜向下，开口向右），右手捏住八根顺序排列的芯线不动，对准水晶头缺口直插进去，插入后两手按箭头方向推，使各条芯线都插到水晶头的底部	将带有网线的水晶头直接放入网线钳压线槽口中，使劲压下网线钳手柄，使水晶头的插针都能插入到网线各条芯线中，与之接触。然后再用手轻轻拉一下网线与水晶头，看是否压紧，最好稍稍调一下水晶头在网线钳压线槽中的位置，再压一次
操作图示				

（三）有线电视用户视频同轴电缆插头

有线电视用户视频同轴电缆插头，如图 1-1-3 所示，根据结构示意图就能很方便地进行连接制作。

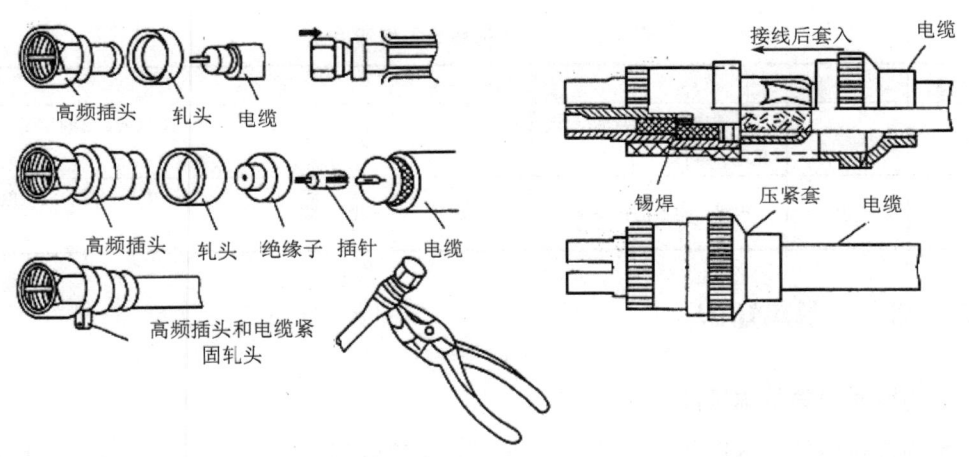

图 1-1-3 有线电视插头结构示意图

第三部分 课后练习

1-1-1. 练习制作网线水晶头。
1-1-2. 练习连接有线电视插头。

第二节 绝缘材料

使电气设备中不同带电体相互绝缘而不形成电气通道的材料称为绝缘材料，又名电介质，其电阻率在 $10^8 \Omega \cdot m$ 以上。在直流电压作用下，只有非常微弱的电流流过，导电能力可忽略不计；而对于交流电流则有微弱的电容电流通过，但也可认为是不导电的。绝缘材料的主要作用是隔离带电的或具有不同电位的导体，使电流按一定的通路流通。

不同的电子、电工产品中，根据需要绝缘材料往往还起着储能、散热、冷却、灭弧、防潮、防霉、防腐蚀、防辐照、机械支承和固定、保护导体等作用。绝缘材料的稳定性和可靠性是电气设备正常工作的基础，电气设备的功能和工作极限在很大程度上取决于绝缘材料的品种和质量。熟悉它们的主要性能，掌握正确的使用维护方法，是科学合理地选择和使用绝缘材料的依据。

第一部分　实例示范

图 1-2-1 所示为几种不同的绝缘制品，查出它们的名称和用途，结果如表 1-2-1 所示。

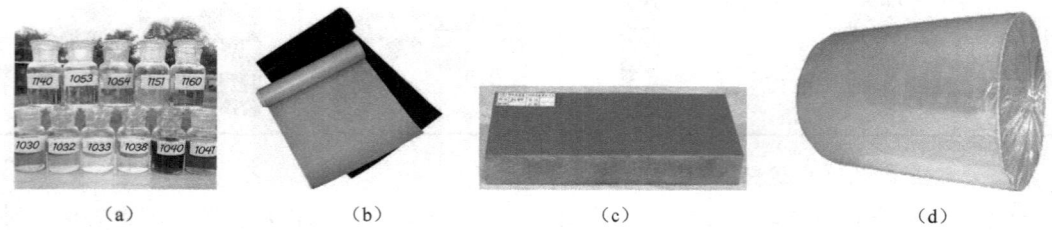

(a)　　　　　　　(b)　　　　　　　(c)　　　　　　　(d)

图 1-2-1　绝缘制品图

表 1-2-1　绝缘制品的名称和用途

序号	名称	用途	序号	名称	用途
a	绝缘漆	浸渍电机、电器的线圈和绝缘零件	b	玻璃漆布	电机、仪表、电器和变压器线圈的绝缘
c	层压板	电机、电器的衬垫绝缘	d	聚酯薄膜	电机、电器线圈和电线电缆绕包绝缘

第二部分　基本知识

一、绝缘材料的基本性能

常用绝缘材料的基本性能，如表 1-2-2 所示；绝缘耐压强度，如表 1-2-3 所示。根据国际电工委员会按电气设备正常运行所允许的最高工作温度，绝缘材料可划分为七个耐热等级，如表 1-2-4 所示。

表 1-2-2　常用绝缘材料的基本性能

性能指标	意义
绝缘强度	绝缘体两端所加的电压越高，材料内电荷受到的电场力就越大，越容易发生电离碰撞，造成绝缘体击穿。使绝缘体击穿的最低电压叫做这个绝缘体的击穿电压。单位厚度的电介质被击穿时的电压称为绝缘强度，单位 kV/mm
耐热性	绝缘材料的绝缘性能与温度有密切的关系。温度越高，绝缘材料的绝缘性能越差。为保证绝缘强度，每种绝缘材料都有一个适当的最高允许工作温度，在此温度以下，可以长期安全使用，超过这个温度就会迅速老化
抗张强度	绝缘材料单位截面积所能承受的拉力。单位 kg/cm^2

表 1-2-3　常用绝缘材料的绝缘耐压强度

材料名称	绝缘耐压强度（kV/mm）	材料名称	绝缘耐压强度（kV/mm）	材料名称	绝缘耐压强度（kV/mm）
干木材	0.36～0.80	纤维板	5～10	白云母	15～18
石棉板	1.2～2	瓷	8～25	硬橡胶	20～38
空气	3～4	电木	10～30	矿物油	25～57
纸	5～7	石蜡	16～30	油漆	干100 湿25
玻璃	5～10	绝缘布	10～54		

表 1-2-4　绝缘材料的耐热等级

等级代号	耐热等级	最高允许工作温度（℃）	绝缘材料
0	Y	90	未浸渍过的棉纱、纸、纤维、木材等材料，以及易于热分解和融化点较低的塑料或其组合物所组成的绝缘结构
1	A	105	工作于浸在液体电介质（如变压器油中的棉纱、丝及纸等材料或其组合物所组成的绝缘结构）中的和用油或树脂复合胶浸过的 Y 级材料，漆包线、漆布、漆丝及油性漆、沥青漆等
2	E	120	玻璃布、油性树脂漆、高强度聚乙烯醇缩醛漆包线、乙酸乙烯耐热漆包线，合成有机薄膜、合成有机瓷漆等材料的组合物所组成的绝缘结构
3	B	130	用合适的树脂黏合或经合适树脂浸渍涂覆后的云母、玻璃纤维、石棉等制品，以及其他无机材料、合适的有机材料或其组合物所组成的绝缘结构
4	F	155	以有机纤维材料补强和石棉带补强的云母片制品，玻璃丝和石棉、玻璃漆布、以玻璃丝布和石棉纤维为基础的层压制品，化学热稳定性较好的聚酯和酸类材料，复合硅有机聚酯漆
5	H	180	无补强或以无机材料为补强的云母制品，加厚的 F 级材料，复合云母、有机硅云母制品，硅有机漆、硅有机橡胶聚酰亚胺复合玻璃布、复合薄膜、聚酰亚胺漆等
6	C	180 以上	耐高温有机黏合剂和浸渍剂及无机物，如石英、石棉、云母、玻璃和电瓷材料

二、绝缘材料的分类

绝缘材料的分类方式很多，按材料的物理状态不同分类，如表 1-2-5 所示；按化学性质不同分类，如表 1-2-6 所示；按材料的用途分为高压工程材料和低压工程材料；按材料来源分为天然绝缘材料和人工合成绝缘材料；还可按材料的应用或工艺特征分类等。

表 1-2-5　按物理状态分类

分类	主要特性	材料示例
气体绝缘材料	具有高的电离场强和击穿场强，击穿后能迅速恢复绝缘性能，化学稳定性好，不燃、不爆、不老化，无腐蚀性，不易为放电所分解，而且比热大，导热性、流动性均好	空气、氮气、二氧化碳、六氟化硫
液体绝缘材料	又称绝缘油。击穿强度高，绝缘电阻率高，相对介电常数小，具有优良的物理和化学性能，如气化温度高，凝固点低，热导率大，热稳定性好，在电场作用下吸气性小	电解质、变压器油、开关油、电缆油、电力电容器浸渍油、硅油及有机合成酯类
固体绝缘材料	无机类：耐高温、不易老化，具有较好的机械强度；但加工性能差，不易适应电工设备对绝缘材料的成型要求 有机类：介电常数和介质损耗小，可满足高频使用要求	绝缘漆、胶、纸、绝缘浸渍纤维制品、云母制品、电工塑料、陶瓷、橡胶

表 1-2-6　按化学性质分类

分　类	材料示例	用　途
无机绝缘材料	云母、石棉、大理石、瓷器、玻璃、硫磺	电机、电器的绕组绝缘、开关的底板和绝缘子
有机绝缘材料	虫胶、树脂、橡胶、棉纱、纸、麻、人造丝	制造绝缘漆、绕组导线的被覆绝缘物
混合绝缘材料	由以上两种材料经过加工制成	电器的底座、外壳

三、电气绝缘产品分类及型号编制

电气绝缘产品按大类、小类、温度指数及品种的差异分类，每类用一位阿拉伯数字来表示。

（一）电气绝缘产品的分类

按部颁标准规定，电气绝缘产品按应用或工艺特征分为八大类。代号与产品举例，如表 1-2-7 所示。

表 1-2-7　常用电气绝缘材料产品分类与举例

大类代号	大类名称	产品示例	用　途	示例实物图
1	漆、树脂和胶类	绝缘漆	浸渍电机、电器的线圈和绝缘零件，以填充间隙和微孔间隙，提高它们的电气性能及力学性能	
		覆盖漆	用于覆盖经浸渍处理的绝缘零部件，在其表面形成均匀的绝缘护层，以防止机械损伤和受大气、润滑油和化学药品的侵蚀	
		硅钢片漆	用于涂覆硅钢片表面，降低铁心的涡流损耗，增强防锈及耐腐蚀性能	
		绝缘胶	主要用于浇注电缆接头、套管、20kV 以下电流互感器、10kV 以下电压互感器等	
2	浸渍纤维制品类	漆布	用于电机、仪表、电器和变压器线圈的绝缘	
		漆管	用于电机、电器和仪表等设备的连接线绝缘	
		玻璃纤维布	用于电机、电器的衬垫和线圈的绝缘	
3	层压制品类	层压板	用于制成具有优良电气、力学性能和耐热、耐油、防电弧、防电晕等特性的制品	
4	压塑材料类	有机物填料塑料	用于制成电机、电器的绝缘零件	
5	云母制品类	柔软云母板	用于电机的槽绝缘、匝绝缘和相间绝缘	
		塑料云母板	用于直流电机换向器的 V 形环或其他绝缘零件	
		云母带	用于电机、电器线圈及连接线的绝缘	
		衬垫云母板	用于电机、电器的绝缘衬垫	
6	薄膜、粘带和复合制品类	绝缘薄膜	用于电机、电器线圈和电线电缆绕包绝缘以及作为电容器介质	

续表

大类代号	大类名称	产品示例	用　途	示例实物图
7	纤维制品类	绝缘板	用于电气工业与通讯工程中的电器罩壳、电器元件与电部件等	
8	绝缘液体类	变压器油	用于绝缘、灭弧和散热等	

（二）温度指数代号

除允许不按温度指数进行分类的电气绝缘产品外，其余的电气绝缘产品的温度指数分类代号，如表 1-2-8 所示。

表 1-2-8　电气绝缘材料的温度指数代号

温度指数（不低于℃）	105	120	130	155	180	200	220
代　号	1	2	3	4	5	6	7

（三）品种代号

电气绝缘产品的基本单元为品种，同一品种的产品主要组成成份和基本工艺相同。按其尺寸（厚度、直径、长度、宽度等）的不同要求在品种内划分规格。

（四）电气绝缘产品型号编制

电气绝缘产品型号的编制，如图 1-2-2 所示。

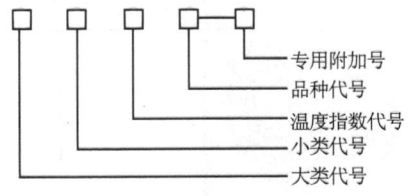

图 1-2-2　电气绝缘产品型号的编制

▶ 示例

1. 按温度指数进行分类的电气绝缘产品用四位阿拉伯数字来表示，如 1032 三聚氰胺醇酸浸渍漆；
2. 不按温度指数进行分类的电气绝缘产品用三位阿拉伯数字来表示（即不用温度指数代号），如 501 云母纸；
3. 同一产品划分品种的电气绝缘产品用连字符后接阿拉伯数字来表示，如 5438-1 环氧玻璃粉云母带。

四、绝缘材料选用的基本原则

（一）绝缘材料选用的基本原则

绝缘材料选用的基本原则，如表 1-2-9 所示。

表 1-2-9　绝缘材料选用的基本原则

考虑因素	说明	考虑因素	说明
特性和用途	熟悉各种绝缘材料的型号、组成及特性和用途	经济效益	将当前与长远效益相结合
使用范围和环境条件	明确绝缘材料的使用范围和环境条件，了解被绝缘物件的性能要求，如绝缘、抗电弧、耐热等级、耐腐蚀性能	施工条件	充分考虑材料的施工要求和自身的施工条件
产品之间的配套性	各相关材料选用同一绝缘耐热等级的产品		

（二）我国能带电使用的绝缘材料

我国能带电使用的绝缘材料，如表 1-2-10 所示。

表 1-2-10　能带电使用的绝缘材料

名称	材料示例	示例实物图	名称	材料示例	示例实物图
绝缘板材（硬板、软板）	层压制品（如 3240 环氧酚醛玻璃布板）；工程塑料的聚氯乙烯板、聚乙烯板		薄膜	聚丙烯、聚乙烯、聚氯乙烯、聚酯等塑料薄膜	
绝缘管材（硬管、软管）	层压制品（如 3640 环氧酚醛层压玻璃布管）；带或丝的卷制品，如超长环氧酚醛玻璃布管、椭圆管		其他	绝缘油、绝缘漆、绝缘黏合剂	
绝缘绳索	蚕丝绳（生蚕丝绳和熟蚕丝绳）、锦纶绳和尼龙绳，绞制、编制圆形绳及带状编织绳				

五、常用导线绝缘的检测

常用导线绝缘的检测，一般使用兆欧表来进行测量，方法如表 1-2-11 所示。

表 1-2-11　常用导线绝缘的检测

项目	电缆	电线
操作说明	将地线端 E 接电缆外壳、线路端 L 接被测芯线、屏蔽接线端 G 接电缆壳与芯之间的绝缘层上；摇动手柄，待指针稳定，示出的数值即为绝缘电阻，一般 1MΩ 以上就算合格	将地线端 E 可靠接地，线路端 L 接到被测线路上，摇动手柄，转速由慢变快，约 1 分钟后稳定转速，此时指针所示的数值即为测定值
操作图示	电缆　兆欧表	被测导线　兆欧表

第三部分 课后练习

1-2-1. 根据表 1-2-12 中的名称填写其主要特性。

表 1-2-12 材料的主要特性

名　称	气体绝缘材料	液体绝缘材料	固体绝缘材料
主要特性			

1-2-2. 练习使用兆欧表测量导线绝缘电阻。

第三节 磁性材料

磁性是物质的基本属性之一。物质的磁性与物质的其他属性之间存在着广泛的联系，如磁电效应、磁光效应和磁热效应等。所以磁性材料是一种重要的电子材料，如发电机、电动机的定子和转子的铁心；计算机的磁鼓、磁带、磁盘等；都是用磁性材料制成的。早期的磁性材料主要采用金属及合金系统，新型的铁氧体材料则是以氧化铁和其他铁族元素或稀土元素氧化物为主要成份的复合氧化物，主要用于制造能量转换、传输和信息存储的各种功能器件。

第一部分 实例示范

图 1-3-1 所示为几种不同的磁性材料，查出它们的名称和用途，并将结果填入表 1-3-1 中。

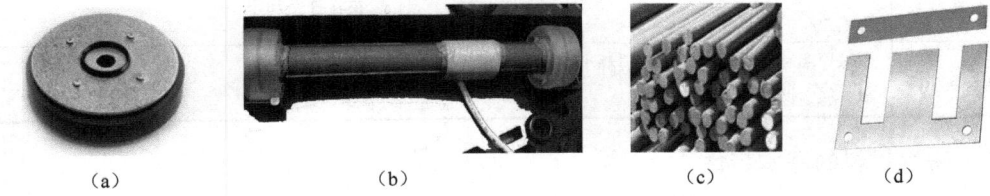

(a)　　　　　(b)　　　　　(c)　　　　　(d)

图 1-3-1 磁性材料图

表 1-3-1 磁性材料的名称和用途

序号	名称	用途	序号	名称	用途
a	磁钢	扬声器用	b	天线磁棒	收音机用
c	纯铁	制造电磁铁心	d	硅钢片	制造电机或变压器的铁心

第二部分 基本知识

一、磁性材料的分类

能吸引铁、钴、镍等物质的性质称为磁性，具有磁性的物体叫做磁体。磁性材料的种类很多，一般分为软磁性材料和硬磁性材料（永磁体）两大类，其特性和用途如表 1-3-2 所示。

应用广泛的软磁性材料种类繁多，通常按成分分为九类，如表1-3-3所示；硬磁性材料分金属合金磁铁和铁氧体永磁材料两类。

表1-3-2　磁性材料的特性和用途

名　称	主要特性	品　种	用　途
硬磁材料	磁化后能长久保持磁性的材料	高碳钢、铝镍钴合金、钛钴合金、钡铁氧体	各种永久磁铁、扬声器的磁钢和电子电路中的记忆元件
软磁材料	磁化后容易去掉磁性的材料	纯铁、铁合金、软磁铁氧体	电器铁心、磁头、功能磁性元件

表1-3-3　软性材料的特性和用途

名　称	主要特性	用　途
纯铁和低碳钢	含碳量低于0.04%，饱和磁化强度高，价格低廉，加工性能好	用于制造电磁铁心、极靴、继电器和扬声器磁体、磁屏蔽罩等
铁硅系合金	俗称硅钢片，含硅量0.5%～4.8%，一般制成薄板使用	用于制造电机、变压器、继电器、互感器等的铁心等
铁铝系合金	含铝6%～16%，磁导率和电阻率高，硬度高，耐磨性好	用于制造小型变压器、磁放大器、继电器等的铁心和磁头、超声换能器等
铁硅铝系合金	硬度、饱和磁感应强度、磁导率和电阻率都较高	用于制造音频和视频磁头等
镍铁系合金	又称坡莫合金，镍含量30%～90%，磁导率高	用于制造脉冲变压器、电感铁心和功能磁性材料等
铁钴系合金	钴含量27%～50%，电阻率低、饱和磁化强度较高	用于制造极靴、电机转子和定子、小型变压器铁心等
软磁铁氧体	电阻率高（$10\Omega \cdot m^{-2} \sim 10^{10}\Omega \cdot m$），饱和磁化强度比金属低，价格低	用于制造电感元件和变压器元件等
非晶态软磁合金	又称金属玻璃或称非晶金属。其磁导率和电阻率高，矫顽力小，耐腐蚀	正在开发利用
超微晶软磁合金	磁导率高、矫顽力低、铁损耗小、饱和磁感应强度高、稳定性好	正在开发利用

二、磁性材料的基本特性

（一）磁化性

铁磁性物质的内部存在着由分子电流建立的许多小区域——磁畴，就像一个个小磁铁，无磁场作用时，因热运动而杂乱无章地排列着，它们的磁场相互抵消，合成磁场为零，对外界不显磁性。因而，铁磁性物质通常不显磁性。但在外磁场作用下，这些磁畴会随着外磁场的增强逐渐转向与外磁场方向一致，形成一个附加磁场，与外磁场叠加，使磁场显著增强，如图1-3-2所示。这种在外磁场作用下，使原来没有磁性的材料产生磁性叫做磁化。

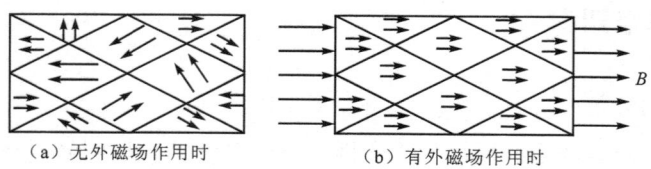

（a）无外磁场作用时　　　　（b）有外磁场作用时

图1-3-2　铁磁性物质的磁化

（二）相对磁导率

相对磁导率是物质的磁导率与真空磁导率的比值。是表征磁性材料导磁能力的物理量，相对磁导率的值越大，磁性材料的导磁性能越好。常用铁磁性材料的相对磁导率如表 1-3-4 所示。

表 1-3-4　常用铁磁性材料的相对磁导率

材料名称	镍锌铁氧体	铸　铁	锰锌铁氧体	铸　钢	硅钢片	坡莫合金
相对磁导率	10～1000	200～400	300～5000	500～2000	700～10000	20000～200000

（三）磁化曲线

磁性材料的磁感应强度 B 与外磁场的磁场强度 H 之间的关系曲线，简称 B—H 曲线。以外面密绕线圈的钢圆环样品为例，利用图 1-3-3 所示电路可得其磁化曲线如图 1-3-4 所示。根据磁化方式的不同，特性曲线有起始磁化曲线（图 1-3-4 中的 oa 段）、磁滞回线（图 1-3-4 中的封闭曲线 $abcdefa$）、基本磁化曲线（图 1-3-5 所示）及退磁曲线（图 1-3-6 所示）等。

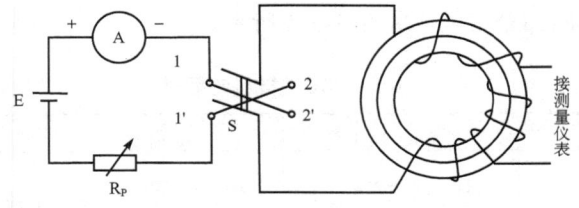

图 1-3-3　B—H 曲线测量电路

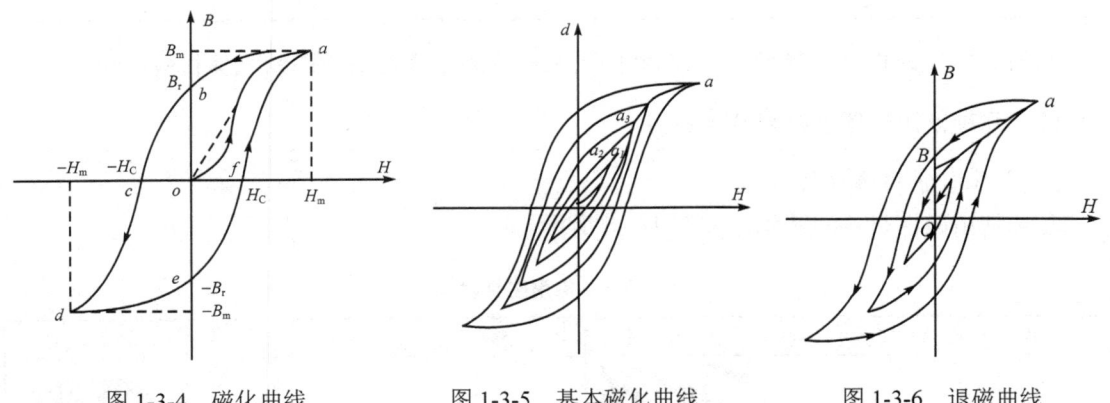

图 1-3-4　磁化曲线　　　　图 1-3-5　基本磁化曲线　　　　图 1-3-6　退磁曲线

（四）剩磁与矫顽磁力

剩磁：当 $H=0$ 时，B 不为零，铁磁材料还保留一定值的磁感应强度 B_r，B_r 即为铁磁性材料的剩磁。

矫顽磁力：要消除剩磁 B_r，使 B 降为零，必须加一个反方向磁场 H_C，这个反向磁场强度 H_C 即为铁磁材料的矫顽磁力。

（五）几种常用磁性材料的磁化曲线举例

软磁性材料和硬磁性材料的磁滞回线，如图 1-3-7 所示。几种常用铁磁性材料的基本磁化曲线，如图 1-3-8 所示。

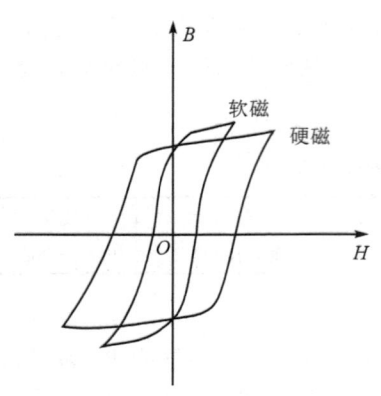
图 1-3-7　软磁和硬磁材料的磁滞回线

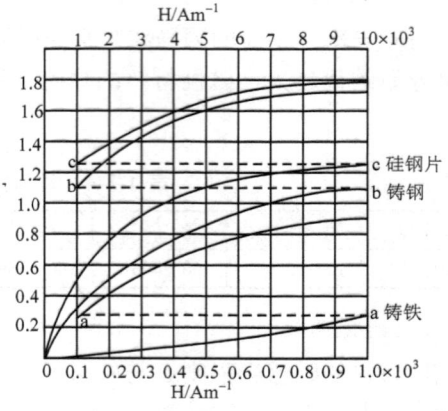
图 1-3-8　几种常用铁磁材料的基本磁化曲线

三、磁性材料的型号编制

磁性材料的型号由四部分组成，如表 1-3-5 所示。

表 1-3-5　磁性材料的型号

组成部分	1	2	3	4
意义	材料类别	材料的主要参数	材料的主要特征	序号（用以区别前三部分相同而其他性能不同的材料）
代号	用汉语拼音的第一个字母表示	用阿拉伯数字表示	用汉语拼音或英文字母表示	用阿拉伯数字表示

例如 R2KB 即指起始磁导率为 2000 的高饱和磁感应强度的软磁铁氧体材料。

四、几种常用的磁性材料及制品

（一）几种常用磁性材料

几种常用磁性材料的认识，如表 1-3-6 所示。

表 1-3-6　常用磁性材料

名称	品种	型号	示例实物图	名称	品种	型号	示例实物图
软磁材料	纯铁	DT		硬磁材料	铁氧体硬磁材料	—	
	铁氧体软磁材料	R、RK			合金硬磁材料	—	
	硅钢薄板	DR、DW					

（二）几种磁材料制品

几种磁材料制品，如表 1-3-7 所示。

表 1-3-7 磁材料制品

名 称	示例实物图	名 称	示例实物图	名 称	示例实物图
银行卡		存折		磁带	
扬声器		双道音频磁头		视频磁头	
脉冲变压器		EIC 形铁氧体磁芯		磁帽	

五、软磁性材料的选用原则

软磁性材料一般都是在交变磁场中使用，选用时主要应考虑材料的磁性能及价格等因素。

1．在强磁场下最常用的软磁材料是硅钢片；
2．在弱磁场下，常选用各种铁镍合金；
3．在高频下一般选用铁氧体软磁材料。

第三部分　课后练习

1-3-1．根据表 1-3-8 中的名称填写其主要特性和用途。

表 1-3-8　材料特性和用途

名　称	主要特性	用　途
纯铁和低碳钢		
铁硅系合金		
软磁铁氧体		

1-3-2．按表 1-3-9 所示实物图，填写名称。

表 1-3-9 实物图与名称

实物图	名称	实物图	名称	实物图	名称

第四节 常用工具、仪表、器材

电工常用工具是指一般专业电工经常使用的工具，电工仪表是指用于测量电压、电流、电能、电功率等电量和电阻、电感、电容等电路参数的仪表，它们在电气设备安装，安全、经济、合理运行的监测，维护与故障检修中起着十分重要的作用。对电气操作人员而言，熟悉和掌握电工工具、电工仪表和电子仪器的性能与使用方法及规范操作，既能提高工作效率，又能减轻劳动强度，保障作业安全。

第一部分 实例示范

图 1-4-1 所示为几种不同的工具、仪表，查出它们的名称和用途，并将结果填入表 1-4-1 中。

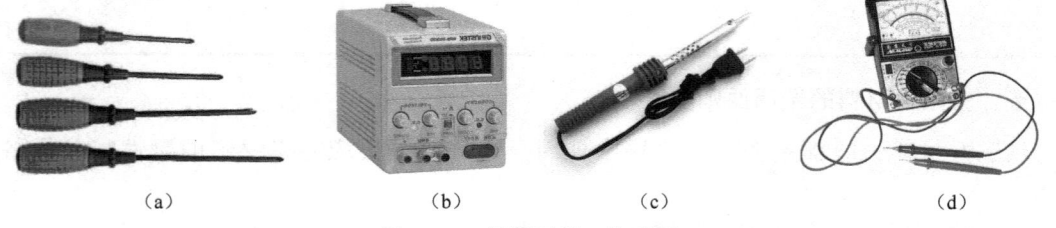

(a)   (b)   (c)   (d)

图 1-4-1 常用工具、仪表图

表 1-4-1 常用工具、仪表的名称和主要用途

序号	名称	主要用途	序号	名称	主要用途
a	螺丝刀	拆、装物件上的螺丝钉	b	直流电源	提供常用的几伏至几十伏直流电压
c	电烙铁	手工焊接的主要工具	d	万用表	主要用来测量电压、电流、电阻等基本电参数

第二部分 基本知识

一、常用工具

（一）试电笔

试电笔简介，如表 1-4-2 所示。

第一章　常用电子材料

表 1-4-2　试电笔

项　目	内　容
简介	试电笔又称低压验电器，是用来检测导体、电气设备是否带电的一种常用工具，其检测范围为 50V～500V，有钢笔式、旋具式和组合式，近年来还出现了既灵敏又安全的数显感应式试电笔。 试电笔一般由探头、降压电阻、氖管、弹簧、尾部金属体等组成
示例实物图	旋具式试电笔／组合式试电笔／感应式试电笔（直接测量按钮、感应断点测试按钮、显示屏、发光二极管、笔尖探头、塑料壳体（耐压值 500V））
结构示意图	钢笔式试电笔（弹簧、观察孔、笔身、氖管、电阻、笔尖探头、金属笔挂）；旋具式试电笔（金属螺钉、弹簧、氖管、电阻、观察孔、螺丝刀探头）
使用方法	使用试电笔时，注意手指必须接触笔尾的金属体（钢笔式）或测电笔顶部的金属（旋具式）。这样，只要带电体与大地之间的电位差超过 50V 时，试电笔中的氖泡就会发亮
握法示意图	旋具式握法　　钢笔式握法

（二）螺丝刀

螺丝刀简介，如表 1-4-3 所示。

表 1-4-3　螺丝刀

项　目	内　容
简介	螺丝刀也称改锥、旋凿、螺钉旋具、起子或解刀，用来拆卸或紧固螺钉。它的种类很多，按头部的形状分为一字型和十字型；按握柄材料分为木柄、塑料柄和金属柄；按操作形式又分为自动、电动和风动。 一字形螺丝刀以柄部以外的刀体长度表示规格，单位为 mm，常用的有 100、150、300 等，主要用来旋转一字槽形的螺钉、木螺钉和自攻螺钉等；十字形螺丝刀按其头部旋动螺钉规格的不同，分为Ⅰ、Ⅱ、Ⅲ、Ⅳ号等型号，分别用于旋动直径为 2mm～2.5mm、6mm～8mm、10mm～12mm 等的螺钉。其柄部以外的刀体长度规格与一字形螺丝刀相同。 现在流行一种组合工具，由不同规格的螺丝刀、锥、钻、凿、锯、锉、锤等组成，柄部和刀体可以拆卸使用；柄部内装氖管、电阻、弹簧、螺钉，可作试电笔使用

续表

项目	内容
示例实物图	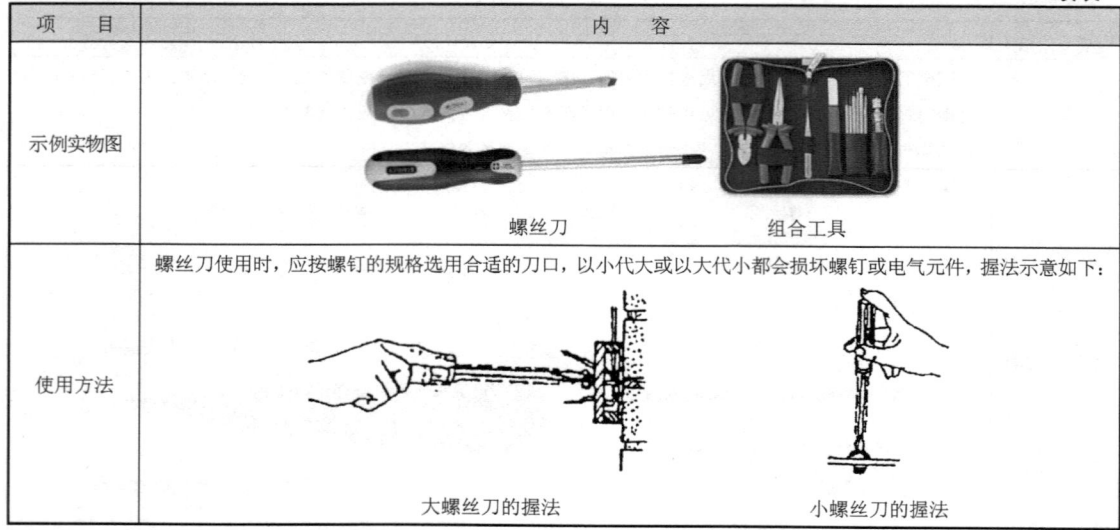 螺丝刀　　　　　　　组合工具
使用方法	螺丝刀使用时，应按螺钉的规格选用合适的刀口，以小代大或以大代小都会损坏螺钉或电气元件，握法示意如下： 大螺丝刀的握法　　　　　　　小螺丝刀的握法

（三）钳子

钳子简介，如表 1-4-4 所示。

表 1-4-4　钳子

项目	内容
简介	钳子是电工用于剪切或夹持导线、金属丝、工件的常用工具，钳的柄部加有耐压 500V 以上的塑料绝缘套。它们的规格较多，根据用途可分为钢丝钳、斜口钳、尖嘴钳、卡线钳、剥线钳、压线钳、网线钳等，常用的钢丝钳规格有 175mm 和 200mm 两种
示例实物图	钢丝钳　　斜口钳　　尖嘴钳　　剥线钳　　排线剥线钳　　网线钳
钢丝钳结构示意图	钳口　刀口 齿口　侧口　绝缘套 钳头　钳柄
钢丝钳的使用	用钳口弯绞、钳夹线头或其他金属、非金属物体；用齿口旋动螺钉、螺母；用刀口切断电线、起拔铁钉、削剥导线绝缘层；用铡口铡断硬度较大的钢丝、铁丝等金属丝 钳口的使用　　齿口的使用　　刀口的使用　　铡口的使用
注意事项	作业前应检查绝缘套是否完好，绝缘套破损的不能使用。在切断导线时，不得将相线或不同相位的相线同时在一个钳口处切断，以免发生短路

（四）电烙铁

电烙铁简介，如表 1-4-5 所示。

表 1-4-5　电烙铁

项　目	内　容
简介	常用电烙铁的工作原理是利用电流的热效应，即让电流流过电阻丝，使其发热，并通过传热筒加热烙铁头，达到焊接温度后就可进行焊接工作。常用的电烙铁有外热式、内热式、吸锡式和恒温式。每一种都要求电烙铁热量充足、温度稳定、耗电少、效率高、安全耐用、漏电流小、对元器件没有磁场的影响。常用的外热式电烙铁有 25W、30W、50W、75W、100W、150W、200W、300W 等；内热式电烙铁有 20W、30W、35W 和 50W 等
示例实物图	外热式　　　　　　　　　　内热式
结构示意图	烙铁头　传热筒　烙铁芯　　支架　　　　烙铁头　发热元件　连接杆　手柄 外热式　　　　　　　　　　内热式
握法示意图	正握法（拳握法）　反握法　　握笔法
注意事项	（1）使用之前应检查电源线的绝缘层有无破损，防止因绝缘损坏引起触电事故； （2）新电烙铁初次使用应先对烙铁头搪锡； （3）焊接时，宜使用松香或中性焊剂； （4）烙铁头应经常保持清洁； （5）电烙铁在使用时要放在特制的烙铁架上，防止烫伤衣物或人体

（五）其他常用工具

其他常用工具，如表 1-4-6 所示。

表 1-4-6　其他常用工具

名　称	示例实物图	名　称	示例实物图	名　称	示例实物图
组合螺丝刀		组合套筒		仪表起子	
镊子		锉刀		无感螺丝刀	
医用钳		毛刷		吸锡器	

续表

名 称	示例实物图	名 称	示例实物图	名 称	示例实物图
电热吸锡器		多用电工刀		热风枪	
胶枪	(胶棒)	活络扳手		电锤	
手电钻		微型电钻		电源插线板	

二、常用仪表

（一）万用表

万用表简介，如表 1-4-7 所示。

表 1-4-7　万用表

项 目	内 容
简介	万用电表是一种多功能、多量程的测量仪表。它能测量电流、电压、电阻，档次稍高的还可测量交流电流、电容量、电感量及晶体管共发射极直流电流放大系数。万用表有很多种，形式上有指针式和数字式两类（以下以指针式万用表为例）
示例	面板结构　　　　测量直流电压　　　　测量交流电压
注意事项	（1）测量电流与电压不能旋错挡位。不用时，最好将挡位/量程选择开关旋至交流电压最高挡。 （2）测量直流电压和直流电流时，注意"＋""－"极性，不要接错。若发现指针反转，应立即调换表笔，以免损坏指针及表头。 （3）如果不知道被测电压或电流的大小，应先用最高挡，而后再选用合适的挡位来测试，以免指针偏转过度而损坏表头。所选用的挡位愈靠近被测值，测量的数值就愈准确。在测量 100V 以上的高压时，要养成单手操作的习惯，即先将黑表笔置电路零电位处，再单手持红表笔去碰触被测端，以保护人身安全。 （4）若长时间不使用万用表，应将表中的电池取出，防止电池漏液

（二）其他常用仪表、仪器

其他常用仪表、仪器，如表 1-4-8 所示。

第一章　常用电子材料　　23

表 1-4-8　其他常用仪表、仪器

名　称	示例实物图	名　称	示例实物图	名　称	示例实物图
数字式万用表		电容表		钳形电流表	
电感测量仪		逻辑笔		钳形接地电阻测试仪	
兆欧表		晶体管毫伏表		电视场强仪	
电视信号发生器		直流电源		示波器	

三、防静电工具、器材

防静电工具、器材，如表 1-4-9 所示。

表 1-4-9　防静电工具、器材

名　称	示例实物图	名　称	示例实物图	名　称	示例实物图
防静电镊子		防静电刷		防静电电烙铁	
防静电插座		防静电手腕带		防静电电焊台	
防静电地垫		防静电元件盒		防静电工作台	

续表

名称	示例实物图	名称	示例实物图	名称	示例实物图
防静电纸		防静电手套		防静电屏蔽袋	
防静电指套		防静电大褂		防静电拖鞋	

四、常用耗材

常用耗材，如表 1-4-10 所示。

表 1-4-10　常用耗材

名称	示例实物图	名称	示例实物图	名称	示例实物图
焊锡丝		漆包线		绝缘胶带	
胶棒		502 胶水		AB 胶（两胶混合使用）	
三氯化铁		精密电子清洗剂		松香	
无铅助焊剂		电子护套		套管	
砂纸		覆铜板		印制板	

第三部分　课后练习

1-4-1. 按表 1-4-11 所示实物图，填写名称。

表 1-4-11 实物图与名称

实物图	名 称	实物图	名 称	实物图	名 称

1-4-2．利用废弃的印刷电路板进行元器件的拆焊练习。

第五节　电池

传统电池指盛有电解质溶液和金属电极以产生电流的杯、槽或其他容器或复合容器的部分空间。随着科技的进步，电池泛指能将化学能、内能、光能、原子能等形式的能直接转化为电能的小型装置。

第一部分　实例示范

图 1-5-1 所示为几种不同的电池，查出它们的名称和用途，并将结果填入表 1-5-1 中。

(a)　　　　　　　(b)　　　　　　　(c)　　　　　　　(d)

图 1-5-1　电池图

表 1-5-1　电池的名称和用途

序 号	名 称	用 途	序 号	名 称	用 途
a	干电池	用于收音机、电子钟等	b	蓄电池	用于应急灯、电动自行车、汽车等
c	块状电池	用于手机、数码相机等	d	扣式电池	用于计算器、电子手表等

第二部分 基本知识

一、电池的分类

电池的种类很多，常用的主要有干电池、蓄电池，以及体积小的微型电池。此外，还有金属—空气电池、燃料电池以及其他能量转换电池，如太阳电池、温差电池、微生物电池、核电池等。

（一）电池的分类

电池的分类，如表 1-5-2 所示。

表 1-5-2 电池的分类

依　据	类　型	示　例	特点与应用
按外形分	一般圆柱形	1号、2号、5号、7号	适用于一般电子商品
	扣式	水银电池	适用于电子表、助听器等
	方形	9V 电池	适用于无线麦克风、玩具等
	块状	锂离子电池	适用于手机、数码相机等
	薄片形	太阳能电池板	适用于计算机、户外建物
按工作性质分	一次电池（原电池）	糊式锌锰电池、纸板锌锰电池、碱性锌锰电池、扣式锌银电池、扣式锂锰电池、扣式锌锰电池、锌空气电池、一次锂锰电池	只可以使用一次，电量耗尽后就报废了。适用于电子表、助听器、玩具等
	二次电池（可充电电池）	镉镍电池、氢镍电池、锂离子电池、二次碱性锌锰电池、铅酸蓄电池	适用于普通摄像机、手机、数码相机等
按用途分	工业用	铅酸电池	适用于汽车用启动电源、电动工具、通信等
	消费性使用	圆柱形凸头电池	一般消费者使用
按能量转换形式分	化学电池	普通电池	利用电化学反应得到电能的电池，这类电池种类很多，应用广泛
	物理电池	太阳电池、硅光电池、温差电池、核电池	利用物理效应得到电能的电池

（二）常用电池

常用电池举例，如表 1-5-3 所示。

表 1-5-3 常用电池

名　称	特性简介	应　用	示例实物图
普通锌锰电池	常用的干电池，电压 1.5V，起始电压可达 1.6V。电池价格比较便宜，电量较好，储存时间长，温度适应条件好。内阻比较大，放电电流较小	适用于小电流和间歇放电的场合，如用于收音机、手电筒等	
碱性锌锰电池	不可充电池，电压 1.5V。它是锌锰电池系列中性能最优的品种。同等型号的碱锰电池是普通电池的容量和放电时间的 3～7 倍	适用于大电流连续放电，特别适用于照相机闪光灯、剃须刀、电动玩具、CD 机、数码相机等	

续表

名　　称	特性简介	应　　用	示例实物图
扣式碱性电池	AG（AG0～AG13）系列，电压有1.2V、1.35V、1.4V、1.5V、1.55V等	适用于音乐卡、计算器、语音表、助听器、电子记事本、快译通、电子表、医疗器具、闪灯鞋等	
镉镍电池	可充电电池，电压1.2V，循环使用寿命300～800次。具有良好的大电流放电特性、耐过充，放电能力强，维护简单。但使用不当，会出现严重的"记忆效应"使得使用寿命大大缩短。镉有毒，不利于环保	适用于手机、笔记本电脑等	
镍氢电池	可充电电池，电压1.2V，循环使用寿命400～1000次。具有较大的能量密度比，基本上无"记忆效应"	适用于照相机、摄像机、手机、对讲机、笔记本电脑、各种便携式设备电源和电动工具等	
锂离子电池	可充电电池，块状电压3.6V，循环使用寿命500～800次。能量密度比是镍氢电池的1.5～2倍，几乎没有"记忆效应"，无毒，价格较贵	适用于照相机闪光灯、剃须刀、电动玩具、手机、数码相机等	
	LIR系列锂离子扣式电池，电压3.6V	适用于计算器、打火机、电子表等	
密封铅酸蓄电池	可充电电池，单节电压2V，循环使用寿命200～300次。体积和容量较大，放电电流较大	适用于电动自行车、汽车、摩托车等	
锌-氧化银电池	SR系列扣式电池，电压1.5V，放电电流较小，适合微安级的放电要求	适用于计算器、电子玩具、助听器、打火机、电子表等	
锂-二氧化锰	CR系列扣式电池，电压为3.0V	适用于电子词典、计算器、计算机主板CMOS电池、电子表等	

续表

名 称	特性简介	应 用	示例实物图
叠层电池	由扁平形的单体锌锰电池按一定方式组装而成的高压电池组，典型型号有 6F22(9V)、4F22(6V)、23A(12V)、25A(9V)、26A(6V)、27A(12V)等	适用于以小电流、高电压为电源的各种仪表	
硅光电池	俗称太阳能电池，是一种直接把光能转换成电能的半导体器件	适用于计算器、太阳帽、手电筒，或利用太阳能发电照明等	硅光电池　太阳能电池板　太阳能交通灯

二、电池的主要参数

电池的主要参数，如表 1-5-4 所示。

表 1-5-4　电池的主要参数

主要参数	意　义	示　例
电动势	两个电极的平衡电极电位之差	铅酸蓄电池为 2.046V
额定电压	又称标称电压，在常温下的典型工作电压	
开路电压	电池在开路状态下的端电压	开路电压近似等于电动势
额定容量	电池应能放出的最低容量，单位为毫安·小时（mA·h）、安培·小时（A·h），以符号 C 表示，且常在其右下角以阿拉伯数字标明放电率	如 C_{20}=50，表明在 20 时率下的容量为 50 安·小时
短路电流	电池的两个电极被短路的瞬时电流	七号高容量电池短路电流为 3.0A 以上
内阻	电流通过电池内部时受到的阻碍。不同类型电池的内阻各不相同，其值越小电池越好。同一电池的内阻也不是常数，它随时间逐渐变大	新的普通七号电池通常为 0.5Ω、锂电池大约在 0.1Ω 以下
储存寿命	从电池制成到开始使用之间允许存放的最长时间，以年为单位	循环寿命是蓄电池在满足规定条件下所能达到的最大充放电循环次数

三、电池的基本组成与结构

电池的一节为一个单体。一个单体的锌—锰干电池、铅酸蓄电池、扣式电池的基本组成结构举例，如图 1-5-2 所示。

（a）干电池　　（b）铅酸蓄电池　　（c）扣式电池

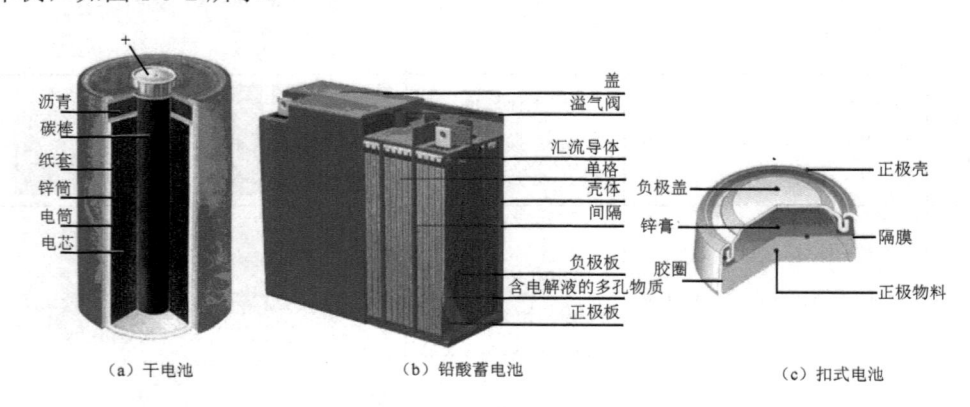

图 1-5-2　电池结构示意图

四、干电池的型号

部分干电池的型号，如表 1-5-5 所示。

表 1-5-5 部分干电池的型号

名 称	俗 称	IEC	直径（mm）	高度（mm）	用 途	示例实物图
A			16.8±0.2	49.0±0.5	作电池组里面的电池芯	
AA	5号	R06	14.1±0.2	48.0±0.5	数码相机、电动玩具	
AAA	7号	R03	10.1±0.2	43.6±0.5	MP3	
AAAA			8.1±0.2	41.5±0.5	电脑笔	
SC			22.1±0.2	42.0±0.5	进口电动工具和摄像机	
C	2号	R14	25.3±0.2	49.5±0.5	收音机、仪表、照明	
D	1号	R20	32.3±0.2	59.0±0.5	收录机、剃须刀、玩具	
N			11.7±0.2	28.5±0.5		
F			32.3±0.2	89.0±0.5	电动车	

注：还有一种五位数字电池型号表示法，例如：14500、17490、26500 等，前两位数字为电池体直径，后三位数字为电池体高度。如 14500 就是直径 14mm、高度 50mm 的电池（AA 型）。

五、干电池的检测

对干电池质量的检测，如表 1-5-6 所示。

表 1-5-6 干电池质量检测

项 目	操作说明	操作图示
测量直流电压	（1）将黑表笔插入 COM 端子，红表笔插入 V 端子； （2）将挡位选择开关转置于 V 量程范围内； （3）将表笔探头接触到电池的两端，测量电压； （4）察看显示屏上示出的电压值。 如普通锌锰干电池端电压正常值应为 1.5 伏，若为 1.2 伏则说明此电池已完全失效	
测瞬时短路电流	（1）将黑表笔插入 COM 端子，红表笔插入 A 端子； （2）将挡位选择开关转置于与插入端子相应的 A 量程范围内； （3）将表笔探头接触到电池的两端，测量电流； （4）察看显示屏上示出的电流值。 如 1 号干电池短路电流为 5A，2 号干电池短路电流为 3.5A。若实测电流远小于指标值，说明被测电池电力不足。 注意：测量时间要很短，以免损坏电池	

六、干电池性能规格

干电池性能规格，如表 1-5-7 所示。

表 1-5-7 干电池性能规格

型 号	牌 名	名 称	标称电压（V）	放电时间（min）	放电电阻（Ω）	放电方式	终止电压（V）	短路电流（A）	容 量
R20	天鹅牌	大号电池	1.5	800	5	间放	0.75	5	1.1(A·h)

续表

型　号	牌　名	名　称	标称电压（V）	放电时间（min）	放电电阻（Ω）	放电方式	终止电压（V）	短路电流（A）	容　量
R14	飞马牌	二号电池	1.5	260	5	间放	0.9	3.5	
R6	天鹅牌	五号电池	1.5	130	5	间放	0.9	2.5	
SR44	达立牌	扣式电池	1.55	37800	7500	连续	1.2		175(mA·h)

七、电池使用注意事项

不同种类的电池一般不能混合使用，因为电池的材料不同，内阻有差异，混合使用会影响到电池的效率。同理，同一类型的新旧电池因其内阻不一，也不能混合使用。否则，旧电池的内阻反而会白白地消耗新电池的能量。

使用干电池还应注意以下几个基本问题：

1．应根据不同负载选择电池的规格，注意短路电流的实际意义；
2．电池长期不用或电池用完应从机器中取出为宜；
3．电池不宜长期存放，购买时应注意电池底部标注的生产日期和保质期；
4．由于电池中多含有汞、镉、铅等重金属，对人体和环境都有危害。因此废旧电池不应随意丢弃。

第三部分　课后练习

1-5-1．完成表1-5-8的填写。

表1-5-8　常用电池

名　称	特性简介	应　用
普通锌锰电池		
扣式碱性电池		
镉镍电池		
镍氢电池		
锂离子电池		
锂—二氧化锰		
叠层电池		

第二章　电阻及电阻元件

　　导体对电流的阻碍作用叫导体的电阻，电阻是导体的一种基本性质，其大小与导体的尺寸、材料和温度有关。利用导体的这些特性而制成的电阻元件称为电阻器，通常在电子产品中简称为电阻，它是消耗电能的元件，其值的大小用文字符号"R"表示。在国际单位制中，电阻值的单位是欧姆，用文字符号"Ω"表示，还有千欧（kΩ）、兆欧（MΩ）、吉欧（GΩ）和太欧（TΩ），它们之间的换算关系为：$1TΩ=10^3GΩ=10^6MΩ=10^9kΩ=10^{12}Ω$。

　　电阻器是电气、电子设备中用得最多的基本元件之一，约占元件总数的35%。而在某些电子产品，如电视机中可达元件总数的50%以上。因此电阻器的质量好坏对电子产品的工作性能和可靠性具有重要影响。

第一节　电阻器

　　电路中常将电阻器进行串、并联连接，应用于降压、分压、限流、分流和负载等方面。电阻器与其他元件一起也能构成一些功能电路，如 RC 电路等。对于信号来说，交流信号与直流信号都可以通过电阻器。

　　电阻器在电路图中的图形符号如图 2-1-1 所示，不论是什么电阻器，凡是阻值固定不变的，都用这个符号表示。

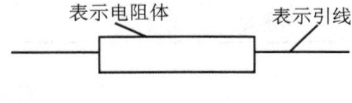

图 2-1-1　电阻器的图形符号

第一部分　实例示范

　　图 2-1-2 所示为 TCL-2116 型彩色电视机开关稳压电源电路板，查出其上所指元器件名称，并将结果填入表 2-1-1 中。

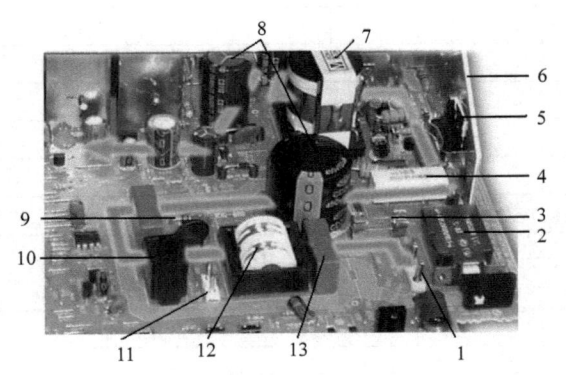

图 2-1-2　TCL-2116 型彩电电源元件分布图

表 2-1-1 开关电源主要元器件的名称

序号	名称	序号	名称	序号	名称	序号	名称
1	交流 220V 插件	5	开关管	9	整流二极管	13	高频滤波电容器
2	电源开关	6	散热器	10	热敏电阻器		
3	熔断器	7	开关变压器	11	消磁线圈插件		
4	保险电阻器	8	滤波电容器	12	高频滤波电感器		

第二部分　基本知识

一、电阻器的分类

电阻器的种类繁多，其结构形式也各有不同，分类方法多种多样。一般根据电阻器的结构特性分类，如表 2-1-2 所示；也有的分为固定电阻器和可变电阻器两大类，固定电阻器分类如表 2-1-3 所示；还有一些分类方式如表 2-1-4 所示。不同电阻器的主要应用，如表 2-1-5 所示。

表 2-1-2　电阻器的分类

电阻器	固定电阻器	薄膜电阻器	合成碳膜电阻器、金属膜电阻器、玻璃釉膜电阻器、碳膜电阻器、金属氧化膜电阻器、化学沉积膜电阻器
		线绕电阻器	通用线绕电阻器、精密线绕电阻器、高频线绕电阻器、大功率线绕电阻器
		实芯电阻器	有机合成实芯碳质电阻器、无机合成实芯碳质电阻器
	特殊电阻器	敏感电阻器	光敏电阻器、热敏电阻器、压敏电阻器、气敏电阻器、力敏电阻器、湿敏电阻器
		集成电阻器、片式电阻器、保险电阻器、电力电阻器	
	可调电阻器		

表 2-1-3　电阻器按用途及电阻体的材料分类

按用途分	线绕型	非线绕型							
		薄膜型						合成型	
		碳膜型	金属膜型	金属氧化膜型	玻璃釉膜型	合成碳膜型	金属箔膜型	有机合成实芯型	无机合成实芯型
通用电阻器	√	√	√	√	√			√	√
精密电阻器	√	√	√				√		
高阻电阻器			√		√	√			
功率型电阻器	√	√							
高压电阻器					√	√			
高频电阻器			√				√		

注："√"表示电阻体的材料及工艺做成的电阻器所适用的类型，电阻器的类别可以通过外观的标记识别

表 2-1-4　电阻器其他方式的分类

分类依据	类型
按引出线形式分	轴向引线型、径向引线型、同向引线型、无引线型
按外形分	圆柱形电阻器、管形电阻器、圆盘形电阻器、平面形电阻器

分类依据	类型
按功率分	1/2W、1/4W、1/8W、1/16W、1W、2W等
按阻值精确度分	±5%、±10%、±20%等普通电阻器，±0.1%、±0.2%、±0.5%、±1%和±2%等精密电阻器
按保护方式分	无保护、涂漆、塑压、密封、真空密封
按功能分	负载电阻器、采样电阻器、分流电阻器、保护电阻器
按安装方式分	插件电阻器、片式电阻器

表 2-1-5　电阻器的主要应用

电阻器	应 用
通用电阻器	又称普通电阻器，功率一般在 0.1W～10W 之间，工作电压一般在 1kV 以下，可供一般电子设备使用
精密电阻器	精度一般可达 0.1%～2%，阻值可达 1Ω～1MΩ。主要用于精密测量仪器及计算机设备
高阻电阻器	阻值较高，一般在 $10^7Ω$～$10^{13}Ω$ 之间。额定功率很小，只限于弱电流的检测仪器
功率型电阻器	额定功率一般在 300W 以下，其阻值较小（在几 kΩ 以下），主要用于大功率的电路
高压电阻器	工作电压为 10kV～100kV，外形大细而长，多用于高压设备
高频电阻器	固有的电感及电容很小，工作频率高达 10MHz 以上，主要用于无线电发射机及接收机

二、常用固定电阻器

几种常用固定电阻器的外形和特点简介，如表 2-1-6 所示。

表 2-1-6　几种常用电阻器

名　称	特点与应用	示例实物图
碳膜电阻器	利用碳膜作导电层，改变碳膜长度与厚度，可以得到不同的阻值。一般误差较大，主要有±5%、±10%、±20%几种，色彩较暗，成本较低。在电子、电器、资讯产品中使用量最大，多应用于要求不高的电路场合	
金属膜电阻器	在真空中加热合金，合金蒸发，使瓷棒表面形成一层导电金属膜。改变金属膜厚度可以控制阻值。其色彩亮丽、体积小、噪声低、稳定性好、温度系数小、耐高温、精度高，但脉冲负载稳定性差、成本较高。 阻值在 0.1Ω～620MΩ 之间，允许误差有±0.1%、±0.2%、±0.5%、±1%、±5%等规格，多用于精度要求较高的电路	
金属氧化膜电阻器	用锑和锡等金属盐溶液喷雾到炽热（约550℃）陶瓷骨架表面上沉积而制成。具有抗氧化、阻燃、导电膜均匀，结合牢固，额定功率范围大约为 1/8W～50kW。 阻值在 1Ω～200kΩ 之间，适用于不燃、耐湿、耐温变等场合，主要用来补充金属膜电阻器的低阻值部分	
合成膜电阻器	又叫漆膜电阻器，是以碳黑作为导电材料，以有机树脂为黏合剂混合制成导电悬浮液，均匀涂覆在陶瓷绝缘基体上，经加热聚合而制成的高压、高阻值电阻器。有的还用玻璃壳封装制成真空兆欧电阻器。 阻值最高可达 10^6MΩ，生产工艺简单，价格便宜。但抗湿性差、电压稳定性差、频率特性不好、噪声大、精度低。主要用于微电流测试、测湿仪、高阻电阻箱、负离子发生器	

续表

名　称	特点与应用	示例实物图
线绕电阻器	体积小、噪声小、阻值精确、工作稳定、温度系数小、耐热性能好、功率较大（可达500W），其电阻值较小，分布电感和分布电容较大，高频性能差，制作成本较高。 阻值范围在 0.1Ω～5MΩ 之间，适用于低频、精确度要求高、功率较大且需要较严格的场合	
大功率线绕电阻器	用康铜或者镍铬合金电阻丝在陶瓷骨架上绕制而成，有固定和可变两种。其特点是工作稳定、耐热性能好、误差范围小。 适用于大功率的场合，额定功率一般在1W以上	
线绕无感电阻器	又称功率电阻器，采用特别的绕线方式，使得电感量仅为一般绕线电阻器的几十分之一，采用利于散热的金属外壳封装。 在恶劣磁场环境下，用于大功率电路	
有机实芯电阻器	将颗粒状导电物、填充料和黏合剂等材料混合均匀后热压在一起，然后装在塑料壳内而成，引线直接压塑在电阻体内。过载能力强，可靠性高、价格低，但精度低、噪音大，分布参数（L、C）大，对电压和温度的稳定性差。 阻值范围在 4.7Ω～22MΩ 之间，一般用在负载不能断开且工作负荷较大的地方，如音频输出接耳机的电路	
熔断电阻器	平时作电阻器用，在电路过流时熔断，从而起到保险丝的作用。若发现其表面发黑烧焦，可断定是负荷过重；若表面无任何痕迹而开路，则表明流过的电流等于或稍大于其额定熔断值；若发现阻值大大偏离标称值或短路，说明电阻器已损坏。 用于电流保护和温度保护，与电路中价值高、需保护的电路器件相串联使用	
水泥电阻器	又称熔断电阻器，是把电阻体放入长方形瓷器框内，用特殊不燃性热水泥充填密封而成的。其功率大、散热容易、稳定性高。 适用于功率较大的场合	
零欧姆电阻器	电阻值为零，电阻器上没有任何字，中间有一道黑线。 印制板布线时难免出现走线交叉，为防止走线兜圈，就采用加装零欧姆电阻器进行桥接	电路符号　　示例实物图
铝壳电阻器	以特殊不燃性耐热水泥充填固定，不怕外来之机械力量与恶劣环境，不但功率大而且坚固耐震，散热良好。 适用于产业机械、负载测试、电力分配、仪器设备及自动控制装置等	
集成电阻器	将若干个参数完全相同的电阻器，一个引脚连到一起，作为公共引脚；其余引脚正常引出。在最左边的那个是公共引脚，一般有色点标出。又称排阻，其引脚方式很多。阻值的读法是第一和第二位直读，第三位是零的个数。如：A102J、A103J 和 A152J 分别为 1kΩ、10kΩ 和 1.5kΩ 的排阻。 适用于数字电路、仪表电路和电脑电路等	

三、电阻器的型号和命名方法

根据国家标准规定，电阻器（不含敏感电阻器）和电位器的型号一般由四部分组成，各部分的含义如表 2-1-7 所示。

表 2-1-7 电阻器和电位器的命名方法

第一部分		第二部分		第三部分			第四部分
主　称		电阻体的材料		特征分类			用数字表示序号
符号	意义	符号	意义	符号	意义		
					电阻器	电位器	
R	电阻器	T	碳膜	1	普通型	普通型	用一位数或无数字表示（对主称、材料相同，仅性能指标尺寸大小有区别，但基本不影响互换使用的产品，给同一序号；若性能指标、尺寸大小明显影响互换时，则在序号后面用大写字母作为区别代号）
W	电位器	J	金属膜	2	普通型	普通型	
		H	合成膜	3	超高频		
		P	硼碳膜	4	高阻型		
		U	碳膜	5	高温型		
		I	玻璃釉膜	7	精密型		
		Y	氧化膜	8	高压	精密型	
		S	有机实芯	9	特殊型	特殊函数	
		X	线绕	G	高功率	特殊	
		N	无机实芯	W		微调	
		C	化学沉积膜	T		可调	
		G	光敏	D		多圈	

如：RJ72—R 表示电阻器，J 表示金属膜，7 表示精密型，2 表示生产序号，整个符号表示精密金属膜电阻器。

四、电阻器的主要参数

在电阻器的使用中，必须正确应用电阻器的参数。电阻器的主要参数通常包括标称阻值及允许误差、额定功率、极限工作电压、温度系数、频率特性和噪声电动势等。对于普通电阻器使用中一般情况仅考虑前三项，后几项参数仅在特殊需要时才考虑。

（一）标称电阻值和允许误差

每个电阻器都是按标准系列进行生产的，有一个标称阻值。同一标称系列，电阻器的实际值在该标称系列允许误差范围之内。普通电阻器的标称系列，如表 2-1-8 所示。

表 2-1-8 普通电阻器的标称阻值系列

系列代号	E24	E12	E6	E24	E12	E6
等　级	Ⅰ级	Ⅱ级	Ⅲ级	Ⅰ级	Ⅱ级	Ⅲ级
允许误差	±5%	±10%	±20%	±5%	±10%	±20%
标称阻值系列	1.0	1.0	1.0	3.3	3.3	3.3
	1.1			3.6		
	1.2	1.2		3.9	3.9	
	1.3			4.3		
	1.5	1.5	1.5	4.7	4.7	4.7

续表

系列代号	E24	E12	E6	E24	E12	E6
等级	Ⅰ级	Ⅱ级	Ⅲ级	Ⅰ级	Ⅱ级	Ⅲ级
允许误差	±5%	±10%	±20%	±5%	±10%	±20%
标称阻值系列	1.6 1.8 2.0 2.2 2.4 2.7 3.0	1.8 2.2 2.7	 2.2	5.1 5.6 6.2 6.8 7.5 8.2 9.1	 5.6 6.8 8.2	 6.8

电阻器标称系列指工厂按误差等级生产的电阻器规格品种，电阻器的标称阻值为表中数值乘以 10^n，n 可为正整数或负整数。一般而言，误差小的电阻器温度系数小，阻值稳定性高，价格贵。在选用时，要尽量选择与本身电路精度相匹配的标称系列，既要满足电路精度的要求，也要考虑成本。

（二）电阻器的额定功率

电阻器接入电路后，通过电流时便会发热，当温度过高将会烧毁电阻器。电阻器的额定功率是指在规定的大气压和特定的温度环境条件下，连续承受直流或交流负荷时所允许的最大消耗功率值。电阻器的额定功率从 0.05W 至 500W 之间有数十种规格，见表 2-1-9 所示。为保证安全使用，一般选其额定功率比它在电路中消耗的功率高 1～2 倍。

表 2-1-9 电阻器的功率等级

名 称	额定功率（W）
实芯电阻器	0.25、0.5、1、2、5
薄膜电阻器	0.025、0.05、0.125、0.25、0.5、1、2、5、10、25、50、100
线绕电阻器	0.5、1、2、6、10、15、25、35、50、75、100、150

在电路图中，非线绕电阻器额定功率的图形符号表示如图 2-1-3 所示。通常不加功率标注的均为 1/8W。实际中不同功率的电阻器体积是不同的，一般来说，功率越大，电阻器的体积就越大，如图 2-1-4 所示。

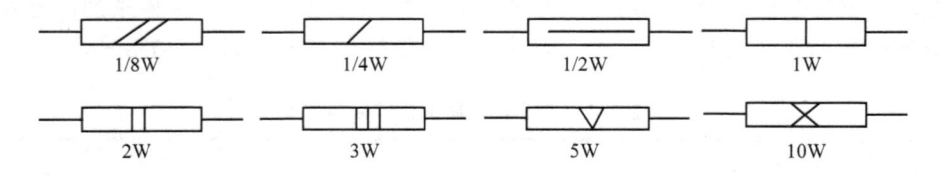

图 2-1-3 电阻器额定功率标注

图 2-1-4 不同功率电阻器实物对比图

五、电阻器的标志内容与标注方法

（一）电阻器的文字标注法

电阻器的文字标注法，如表2-1-10所示。

表 2-1-10　电阻器的文字标注法

标注方法	直标法	数码法	文字符号法
意义	在电阻器的表面直接用数字和单位符号标出产品的标称阻值、允许误差等。其特点是直观，但体积小的电阻器则无法标注	用三位阿拉伯数字表示，前两位表示阻值的有效数，第三位数表示有效数后面的零的个数。当阻值小于10Ω时，以×R×表示（×代表数字），将R看作小数点	用阿拉伯数字和文字符号两者有规律的组合来标称阻值，其允许误差也用文字符号表示。 表示电阻值文字符号的意义是：R（Ω）、k（10^3Ω）、M（10^6Ω）、G（10^9Ω）、T（10^{12}Ω）； 表示误差文字符号意义：M（±20%）、K（±10%）、J（±5%）、G（±2%）、F（±1%）、D（±0.5%）
示例	商标 型号 功率 / 标称阻值和误差 制造日期 (3.6kΩ±5% 1W 92.5)	103 → 10000Ω；221 → 220Ω；470 → 47Ω；100 → 10Ω；8R2 → 8.2Ω	2.2GK → 2200MΩ±10%；2k7M → 2.7kΩ±20%；1R5J → 1.5Ω±5%；RIF → 0.1Ω±1%；RI5D → 0.15Ω±0.5%

（二）电阻器的色环标注法

电阻器的色环标注法，如表2-1-11所示。

表 2-1-11　电阻器的色环标注法

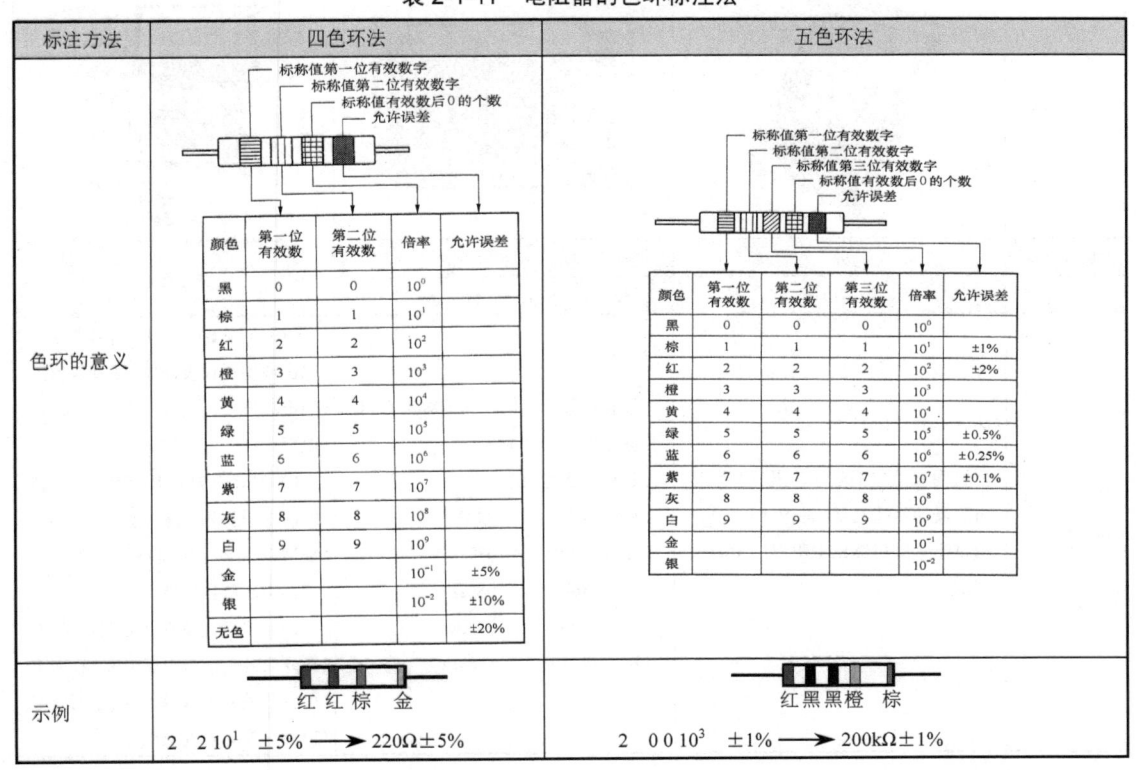

标注方法	四色环法				五色环法				
色环的意义	颜色	第一位有效数	第二位有效数	倍率	允许误差	颜色	第一位有效数	第二位有效数	第三位有效数	倍率	允许误差

色环的意义	颜色	第一位有效数	第二位有效数	倍率	允许误差	颜色	第一位有效数	第二位有效数	第三位有效数	倍率	允许误差
	黑	0	0	10^0		黑	0	0	0	10^0	
	棕	1	1	10^1		棕	1	1	1	10^1	±1%
	红	2	2	10^2		红	2	2	2	10^2	±2%
	橙	3	3	10^3		橙	3	3	3	10^3	
	黄	4	4	10^4		黄	4	4	4	10^4	
	绿	5	5	10^5		绿	5	5	5	10^5	±0.5%
	蓝	6	6	10^6		蓝	6	6	6	10^6	±0.25%
	紫	7	7	10^7		紫	7	7	7	10^7	±0.1%
	灰	8	8	10^8		灰	8	8	8	10^8	
	白	9	9	10^9		白	9	9	9	10^9	
	金			10^{-1}	±5%	金				10^{-1}	
	银			10^{-2}	±10%	银				10^{-2}	
	无色				±20%						
示例	红 红 棕 金 2　2　10^1　±5% → 220Ω±5%					红 黑 黑 橙　棕 2　0　0　10^3　±1% → 200kΩ±1%					

六、电阻器的检测

(一)外观检查

对于固定电阻器首先查看外表,若外观端正,标志清晰,颜色均匀有光泽,保护漆完好,引线对称,无伤痕,无裂痕,无烧焦,无腐蚀,电阻体与引脚接触紧密,则可初步判定该固定电阻器是好的;在用仪器、仪表对固定电阻器进行了阻值测量,测量值与标称值相符时,才能最后确定该固定电阻器质量良好。

(二)用指针式万用表测量

用指针式 MF-47F 型万用表的欧姆挡检测电阻器,如表 2-1-12 所示。

表 2-1-12 用指针式 MF-47F 型万用表检测电阻器

步骤	1	2	3
名称	机械校零	选择量程	欧姆挡校零
操作说明	万用表在使用前应检查指针是否指在机械零位上,即指针在静止时是否指在电阻器标度尺的"∞"刻度处。若不在,应用小改锥左右调节机械校零旋钮,使指针的位置准确指在"∞"刻度处	欧姆挡共分5挡,分别是R×1Ω、R×10Ω、R×100Ω、R×1kΩ 和 R×10kΩ。对于测量不同阻值的电阻器选择万用表的不同倍乘挡。由于欧姆挡的示数是非线性的,阻值越大,示数越密,所以选择合适的量程,应使指针指示于1/3~2/3满量程,读数更为准确	万用表选定欧姆挡后,将两表笔短接,调节校零电位器,使指针指到"0"刻度处。注意,每换一次挡位都需要重新进行欧姆校零,以减少测量误差;若指不到零点,多数原因是电池电量不足,此时应更换电池
操作图示			

步骤	4	5	
名称	测量电阻	读数	注意事项
操作说明	将两表笔(不分红、黑)分别与电阻器的两端相接,待指针稳定后,根据示数即可读出电阻器的实际阻值	选择的量程不同,其读数也不同,如指示数为"10.8": 挡位对应电阻值 R×1Ω 挡 10.8Ω R×10Ω 挡 108Ω R×100Ω 挡 1080Ω R×1kΩ 挡 10.8kΩ R×10kΩ 挡 108kΩ	(1)在测量电阻时,为避免受到电击或造成仪表损坏,要确保电路的电源已关闭,并将所有电容器放电。 (2)防止拿电阻器的手与电阻器的两个引脚相接触,这样会使手所呈现的人体电阻与被测电阻器并联,引起测量误差。 (3)测量完毕应将挡位/量程选择开关旋至交流电压最高挡,而不可将开关置于欧姆挡,防止两表笔短接时耗尽表内电池

续表

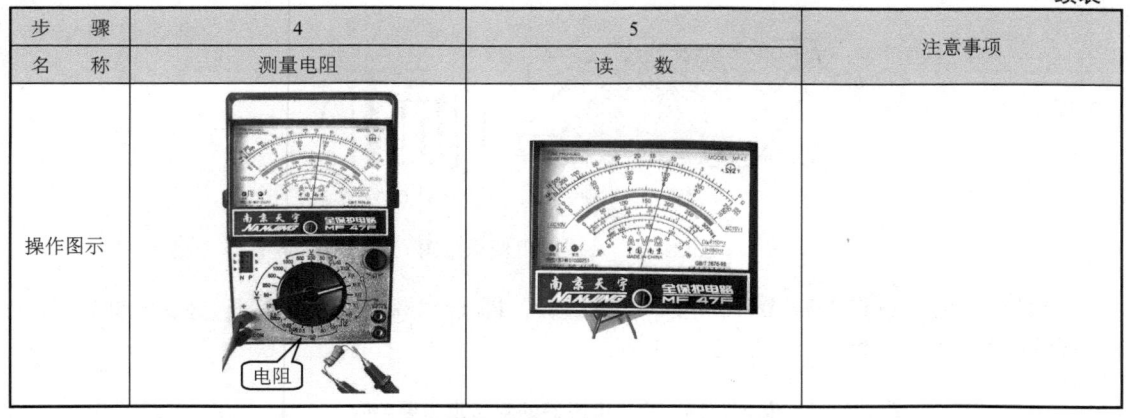

步骤名称	4	5	注意事项
操作图示	测量电阻	读数	

（三）用数字式万用表测量

用 FLUKE15B 型便携式数字万用表的欧姆挡检测电阻器，如表 2-1-13 所示。

表 2-1-13　用 FLUKE15B 型便携式数字万用表检测电阻器

步骤	1	2	3
操作说明	（1）将黑表笔插入 COM 端子，红表笔插入 Ω 端子；（2）将挡位选择开关转置于 Ω 量程范围内	将表笔探头接到待测电阻器上，测量电阻值	阅读显示屏上的测出电阻值。电阻器开路或无输入时，显示屏显示为 "OL"
操作图示			

七、电阻器使用注意事项

1．测量电路中电阻器的阻值时，应在切断电源的前提下断开电阻器一端进行阻值的测量。

2．电阻器更换应遵循就高不就低、就大不就小的原则，即用质量高的电阻器代替过去质量低的电阻器，用大功率的电阻器代替小功率的电阻器。

3．电阻器安装前应先对引线搪锡，以确保焊接的牢固性。安装时电阻器的引线不要从根部打弯，以防折断。较大功率的电阻器应采用支架或螺钉固定，以防松动造成短路。焊接时动作要快，将标记向上或向外，方便检查与维修。

八、片式电阻器

片式电阻器是无源表面组装元器件中的一种，它常做成矩形、圆柱形和异形，如图 2-1-5 所示。片式电阻器的阻值一般直接标于电阻器的其中一面，黑底白字。通常用三位数表示，前两位数字表示阻值的有效数，后一位表示有效数后面的零的个数，如 100 表示 10Ω，102 表示 1kΩ。当阻值小于 10Ω 时，以 ×R× 表示，将 R 看作小数点，如 8R1 表示 8.1Ω。起跨接作用的 0Ω 片式电阻器，没有数字和色环标志，一般用红色或绿色表示，以示区别，其额定电流为 2A，最大浪涌电流为 10A。小尺寸的片式电阻器（0402 以下）顶面无阻值代号，使用中务必仔细。

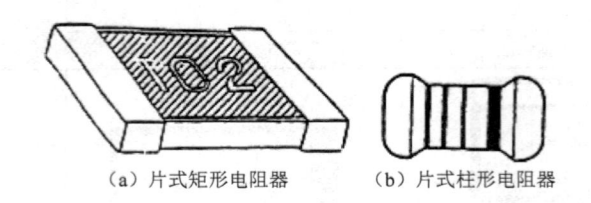

(a) 片式矩形电阻器　　(b) 片式柱形电阻器

图 2-1-5　片式电阻器示意图

一般片式的允许误差有 B、D、F、J 等四级，即±0.1%、±0.5%、±1%、±5%。片式电阻器的封装及主要参数，如表 2-1-14 所示。

表 2-1-14　片式电阻器的封装及主要参数

公制代码	1005	1608	2021	3216	3225	5025	6432
英制代码	0402	0603	0805	1206	1210	2010	2512
额定功率（W）	1/20	1/16	1/10	1/8	1/4	1/2	1
最高电压（V）	50	50	150	200	200	200	200

片式电阻器的命名常以其外形尺寸长宽来定，有公制和英制两种。如公制代码 3216 的意义为片式电阻器长 3.2mm，宽为 1.6mm；其对应的英制代码为 1206，即片式电阻器长为 0.12 英寸，宽为 0.06 英寸。

用万用表测试片式电阻器的方法与测试普通电阻器的方法基本相同。

第三部分　课后练习

2-1-1．根据表 2-1-15 中的图示填写表中数据。

表 2-1-15　根据图示填数据

图示	数据	图示	数据
金色 紫色 蓝色 红色	R=	紫色 绿色 黄色 红色 棕色	R=

2-1-2．用指针式或数字式万用表测量电阻器的电阻值。

（1）将 10 只不同阻值的色环电阻器插在硬纸板上。根据电阻器上的色环，写出它们的标称值。

（2）调整好万用表。

（3）分别测量 10 只电阻器，将测量值写在电阻器旁。

（4）相互检查。10 只电阻器中你测量正确的有几只？将测量值和标称值相比较了解各电阻器的误差。

（5）收好万用表。

第二节　电位器

电位器是从可变电阻器发展派生的一个分支，电路上常用文字符号"R_P"表示，电路图形符号如图 2-2-1（a）所示。一般电位器是一种机电元件，由电阻体、滑动臂、外壳、转柄、电刷和焊接片等组成，如图 2-2-1（b）所示。电阻体的两端和焊接片 1、3 相连，因此 1、3 之间的电阻值即为电阻体的总阻值。转柄和滑动臂相连，调节转柄时，滑动臂随之转动。滑动臂的一头装有簧片或电刷，它压在电阻体上并与之紧密接触；滑动臂的另一头则和焊接片 2 相连。当簧片或电刷在电阻体上移动时，1、2 和 2、3 之间的电阻值就会发生变化。电位器在仪器仪表和各种电子设备中有着广泛的应用，有的还兼作开关。

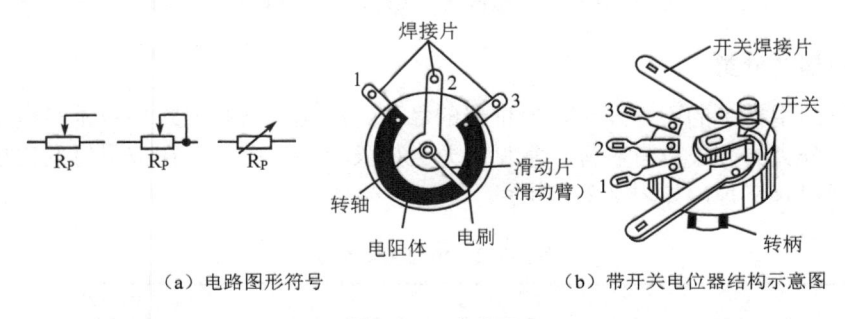

（a）电路图形符号　　　　（b）带开关电位器结构示意图

图 2-2-1　电位器

第一部分　实例示范

图 2-2-2 所示为几个不同的电位器，查出它们的名称和用途，并将结果填入表 2-2-1 中。

图 2-2-2　电位器图

表 2-2-1　电位器的名称和用途

序号	名称	用途	序号	名称	用途
a	碳膜电位器	适用于一般直流及交流电路	b	线绕电位器	适用于高精度或大功率电路
c	带开关电位器	适用于半导体收音机	d	多圈微调电阻器	适用于精密微调电路

第二部分　基本知识

电位器在电路中主要作分压器、变阻器和电流控制器。作分压器时它是一个四端器件，如图 2-2-3（a）所示，当调节电位器的转柄或滑柄时，在电位器的输出端可获得与可动臂转角或行程成一定关系的输出电压；作变阻器时它是一个二端器件，如图 2-2-3（b）所示，在电位器的行程范围内，可获得一个平滑连续变化的电阻值。作电流控制器时，电流的输出端必须有一个是滑动触点端。由图可知，电位器和变阻器的结构原理是相同的，只是它们的用法和接线不同而已，因此，电位器和变阻器这两个词在使用时通常不加区别。实际上电位器在电路中也常作变阻器用。

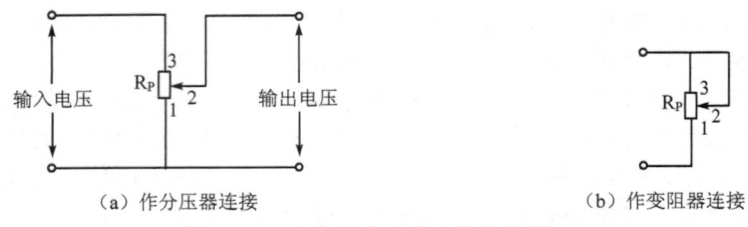

图 2-2-3　电位器在电路中的接线图

一、电位器的分类

随着电子应用技术的不断发展，电位器的品种、结构、安装方式和技术参数十分繁多，且各有特点，分类的方式也有多种，常见的分类如表 2-2-2 所示。在按阻值变化规律分类中常用的变化规律有三种，如表 2-2-3 所示。

表 2-2-2　电位器的分类

接触式电位器				非接触式电位器	
分类依据	名　称	分类依据	名　称	名　称	
按电阻体的材料分	线绕电位器	按调节方式分	直滑式电位器	电子电位器	数字式电位器
	薄膜型电位器		旋转式电位器		
	合成材料电位器		带开关电位器		
按用途分	普通型电位器	按结构特点分	抽头式电位器	光敏电位器	
	微调型电位器		单联电位器		
	精密型电位器		双联电位器		
	专用型电位器		单圈电位器		
	步进型电位器		多圈电位器	磁敏电位器	
按阻值变化分	直线型电位器		锁紧电位器		
	函数型电位器		非锁紧电位器		
	步进型电位器				

表 2-2-3　电位器阻值变化的三种规律

类　型	代　号	特　点	应　用	特性曲线
直线型	X 型	阻值变化与转角成直线关系。其精度为±2%、±1%、±0.3%、±0.05%	适用于要求电阻值均匀调节的场合，如万用表的调零电位器	
指数型	Z 型	阻值变化与转角成指数关系。先细调后粗调	收音机音量调节电位器	
对数型	D 型	阻值变化与转角成对数关系。阻值变化正好与 Z 型相反，先粗调后细调	电视机对比度调节电位器、音调调节电位器	

注：所有 X、D、Z 文字符号一般都印在电位器上

二、几种常用的电位器

（一）几种常用电位器简介

几种常用电位器的名称、结构示意图、特点及应用，如表 2-2-4 所示。

表 2-2-4 常用的电位器

名　称	结构示意图	特　点	应　用	示例实物图
碳膜电位器		由碳黑和树脂的混合物涂在马蹄形胶板上制成电阻片，从两端引出焊接片 1 和 3。电阻片上装有一个转动臂，并由焊接片 2 引出旋转轴，改变活动臂与电阻片的接触位置，即可实现调节电阻值的目的	适用于一般直流及交流电路	
线绕电位器		将电阻丝绕在绝缘支架上，再装入基座内，配上转动系统而成，可做成精密型、多圈型、功率型和特殊函数型等	适用于高精度或大功率电路	
带开关电位器		体积小、性能可靠、带电源开关，开关有推拉式和旋转式两种	适用于作半导体收音机的音量调节及电源开关	
多圈微调电阻器		由蜗杆蜗轮减速机构、电阻体、接触电刷、基片以及外壳等组成	适用于精密微调电路	
片式电位器		体积小，一般为 4mm×4.5 mm×2.5mm；重量轻，仅 0.1g～0.2g；阻值范围大，有 10Ω～2MΩ；高频特性好，使用频率可超过 100MHz；额定功率一般有 1/20W、1/10W、1/8W、1/5W、1/4W、和 1/2W 六种	适用于小型电子装置	

（二）部分电位器示例

部分电位器举例，如表 2-2-5 所示。

表 2-2-5 部分电位器

名称	有机实心电位器	直滑式电位器	半可调电位器
示例实物图			
名称	微型可变电位器	同轴双电位器	带开关电位器
示例实物图			
名称	单圈线绕电位器	多圈线绕电位器	拨盘电位器
示例实物图			

三、电位器型号命名方法

根据国家标准规定，电位器的型号命名方法同于电阻器型号命名方法，如表 2-1-7 所示；型号命名一般由四个部分组成，如图 2-2-4（a）所示。例 WSW1A 型矩形微调有机实芯电位器，如图 2-2-4（b）所示。

（a）型号命名：区别代号、序号、分类、材料、主称

（b）示例：WSW1A 型矩形微调有机实芯电位器（区别代号、序号、微调、有机实芯、电位器）

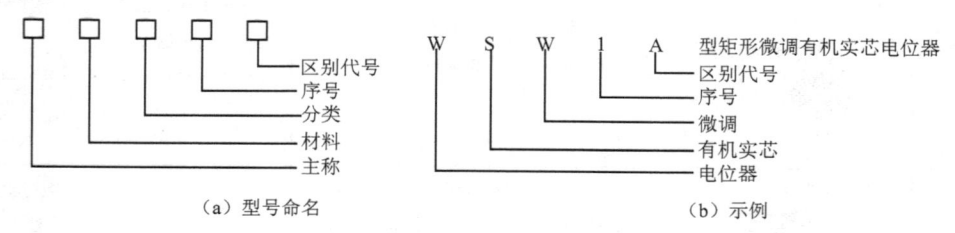

图 2-2-4 电位器的型号命名及示例

四、电位器的主要参数

电位器属于机电转换元件，它的性能参数需要反映出其机械性能、热性能和电性能，所以参数很多。其中有些与固定电阻器相同的性能参数，这里不再重复，仅说明其主要参数及意义，如表 2-2-6 所示。

表 2-2-6 电位器的主要参数

主要参数	意 义
标称阻值	电位器有一个最大阻值和最小阻值，标称阻值是最大阻值，终端电阻（零位电阻）是最小阻值。连续旋转的电位器不规定终端电阻。 电位器的标称阻值采用 E12 和 E6 系列
允许误差	电位器的允许误差定义与电阻器完全相同，一般线绕电位器的允许误差有±1%、±2%、±5%、±10%，非线绕电位器的允许误差有±5%、±10%、±20%
耐磨寿命	在规定的试验条件下，电位器动触点可靠运动的总次数，常用"周"表示。耐磨寿命与电位器的种类、结构、材料及制作工艺有关

电位器的规格标志一般采用直标法，即用字母和阿拉伯数字直接标注在电位器上。一般

标志的内容有电位器的型号、类别、标称阻值和额定功率。有时还将电位器的输出特性的代号（Z 表示指数、D 表示对数、X 表示线性)标注上，如图 2-2-5 所示。

图 2-2-5　电位器上的标识

五、电位器质量的简易判断

电位器质量的简易判断方法，如表 2-2-7 所示。

表 2-2-7　电位器质量的简易判断

项目	操作说明	操作图示
转动性能	转动轴柄，检查轴柄转动是否灵活、平滑。若听到电位器内部触点与电阻体有摩擦声，则说明电位器有问题	
开关性能	万用表置 R×1Ω 挡，将两表笔接到电位器的 4 和 5 两端。转动轴柄，使开关从"关"到"开"，观察万用表指针是否"断"或"通"，反复观察多次。若在"开"的位置，电阻值不为零，说明开关触点接触不良；若在"关"的位置，电阻值不为∞，说明开关失控	
标称值	万用表置 R×100Ω 挡，将两表笔接到电位器的 1 和 3 两端，则示数应为电位器的标称阻值。若万用表的指针不动或阻值相差很多，则表明该电位器已损坏	
接触性能	万用表置 R×100Ω 挡，将两表笔分别接到电位器的 1、2 或 2、3 两端，同时缓慢转动轴柄，此时万用表的指针应平稳转动、不跳跃，反复调两次。若轴柄在转动时，万用表的指针有跳动或突然变为∞，则表明该电位器接触不良	

六、电位器使用注意事项

1．电位器要在额定功率范围内使用，不得超载。
2．电流流过高阻值电位器时产生的电压降，不得超过电位器所允许的最大工作电压。
3．有接地焊接片的电位器，其焊接片必须接地，以防外界干扰。
4．按技术标准选择电位器来完成更换，安装时必须牢固可靠。
5．在印制电路板上安装微调电位器时，应保证便于调节的空间。
6．应避免在如 SO_2、NH_3、碱溶液、油脂等有害物质的环境中使用电位器，以免引起元件、塑料或金属材料的腐蚀。
7．清除污垢应用无水酒精轻拭，不可用润滑油。

第三部分　课后练习

2-2-1．完成表 2-2-8 中的内容填写。

表 2-2-8　常用的电位器

名　　称	元件特点	用　途
碳膜电位器		
带开关电位器		
线绕电位器		

2-2-2．按图完成表 2-2-9 中的内容填写。

表 2-2-9　判断电位器质量的操作说明

项　目	开关性能	标　称　值	接触性能
操作图示			
操作说明			

第三节　敏感电阻器

敏感电阻器是指其电阻值对于温度、电压、光照、湿度、机械力、磁通以及气体浓度等具有敏感特性，当这些量发生变化时，敏感电阻器的阻值就会随着而发生改变，呈现不同的电阻值。根据对不同量的敏感，敏感电阻器可分为热敏、湿敏、压敏、光敏、力敏、磁敏和气敏等类型敏感电阻器。敏感电阻器所用的材料几乎都是半导体材料，这类电阻器又称半导体电阻器。敏感电阻器在电路中的图形符号是在普通电阻器电路图形符号中间加一斜线，表示阻值随外界条件（温度、电压、光度、湿度等）变化而变化，并用不同字母注明敏感电阻器的类型，如θ、U、……。如图 2-3-1 所示。

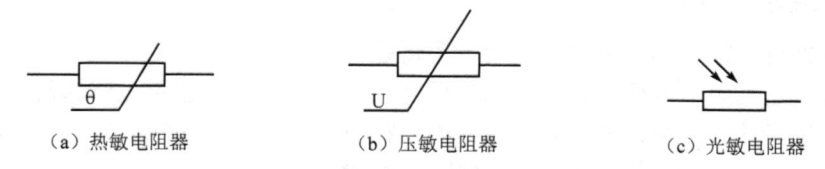

（a）热敏电阻器　　　（b）压敏电阻器　　　（c）光敏电阻器

图 2-3-1　敏感电阻器的电路图形符号

第一部分　实例示范

图 2-3-2 所示为几个不同的敏感电阻器，查出它们的名称和用途，并将结果填入表 2-3-1 中。

(a)　(b)　(c)　(d)

图 2-3-2　敏感电阻器图

表 2-3-1　敏感电阻器的名称和用途

序号	名称	用途	序号	名称	用途
a	消磁电阻器	彩色电视机消磁电路	b	光敏电阻器	适用于各种自动控制电路
c	压敏电阻器	适用于各种过压保护电路	d	气敏电阻器	敏感于各种可燃性气体

第二部分　基本知识

一、敏感电阻器的型号命名方法

根据国家标准规定，敏感元件型号命名方法由四个部分组成，各部分的含义如表 2-3-2 所示。

表 2-3-2　敏感元件的型号命名方法

第一部分		第二部分		第三部分								第四部分
主　称		类别		用途或特征								
				热敏电阻器		光敏电阻器		压敏电阻器		气敏电阻器		序号
符号	意义	符号	意义	数字	用途或特征	数字	用途或特征	字母	用途或特征	字母	用途或特征	
M	敏感元件	Z	正温度系数热敏电阻器	1	普通用	1	紫外光	B	补偿用	Y	烟敏	
		F	负温度系数热敏电阻器	2	稳压用	2	紫外光	C	消磁用	K	可燃性	
		Y	压敏电阻器	3	微波测量用	3	紫外光	E	消噪用			
		S	湿敏电阻器	4	旁热式	4	可见光	G	过压保护用			
		Q	气敏电阻器	5	测湿用	5	可见光	H	灭弧用			
		G	光敏电阻器	6	控温用	6	可见光	K	高可靠用			
		C	磁敏电阻器	7	消磁用	7	红外光	L	防雷用			
		L	力敏电阻器	8	线性用	8	红外光	M	防静电用			
				9	恒温用	9	红外光	N	高能型			
				0	特殊	0	特殊	P	高频用			
								T	特殊型			
								W	稳压用			

如：MYL1—M 表示敏感元件，Y 表示压敏电阻器，L 表示防雷用，1 表示生产序号，整个符号表示防雷用压敏电阻器。

二、热敏电阻器

热敏电阻器是一种将温度直接变换成电量的敏感元件，主要用于温度的控制、测量、补偿及过载保护等场合，如图 2-3-3 所示。

热敏电阻器的阻值随温度变化而变化，温度升高阻值增大，称为正温度系数（PTC）热敏电阻器；温度升高阻值下降，称为负温度系数（NTC）热敏电阻器。应用较广泛的是负温度系数热敏电阻器，有测温型、稳压型和普通型。还有一种负温度系数的热敏电阻器称为 CTR 热敏电阻器，它的温度变化特性属剧变型，具有开关特性。不能像 NTC 热敏电阻器那样用于宽范围的温度控制，只能在特定的温区内使用，其阻值在 $1k\Omega \sim 10M\Omega$ 之间。

热敏电阻器的标称值是指环境温度为 25℃ 时的电阻值。用万用表测量时，其阻值不一定和标称阻值相符。一般只能作为粗略判断，如表 2-3-3 所示。

(a) PTC 热敏电阻器　　　　　　　(b) NTC 热敏电阻器

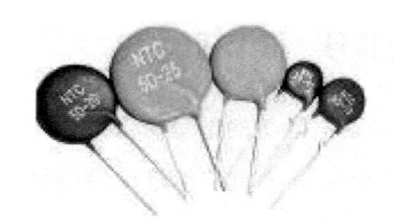

图 2-3-3　热敏电阻器

表 2-3-3　热敏电阻器阻值的粗略判断

名　称	PTC 热敏电阻器	NTC 热敏电阻器	消磁电阻器
操作说明	万用表置 $R\times1k\Omega$ 挡，将两表笔接到热敏电阻器的两脚，然后把烧热的电烙铁靠近被测电阻器，观察阻值的变化，若有明显变化，则说明电阻器是热敏电阻器	万用表置 $R\times1k\Omega$ 挡，将两表笔接到热敏电阻器的两脚，然后把烧热的电烙铁靠近被测电阻器，观察阻值的变化，若有明显变化，则说明电阻器是热敏电阻器	万用表置 $R\times10k\Omega$ 挡，将两表笔接到消磁电阻器的两脚，然后把烧热的电烙铁靠近被测电阻器，观察阻值的变化。若阻值显著增大，则说明消磁电阻器是好的；若阻值变化很小或不变，则说明已经损坏
操作图示			

三、光敏电阻器

光敏器件是一种能将光照的变化转换成电信号的元件，用半导体材料制成。光敏电阻器又称光导管，如图 2-3-4 所示。其特性是电阻值随入射光的强弱变化而改变，当入射光增强时，电阻值迅速减小；入射光减弱时电阻值迅速增大。强光下阻值（亮阻）仅有几百至数千欧，黑暗条件下阻值（暗阻）可达 $1M\Omega \sim 10M\Omega$。广泛应用于各种自动控制电路（如自动照明控制电路、自动报警电路等）、家用电器（如电视机中的亮度自动调节、照相机的自动曝光控制等）及各种测量仪器。

图 2-3-4　光敏电阻器图

根据光敏电阻器的光谱特性，光敏电阻器分用于探测紫外线的紫外光敏电阻器；用于导弹制导、天文探测、红外通信等国防、科学研究和工农业生产的红外光敏电阻器以及用于各种光电控制系统的可见光光敏电阻器。

以 625A 型光敏电阻器为例，介绍万用表检测光敏电阻器的方法，如表 2-3-4 所示。

表 2-3-4　用万用表检测光敏电阻器

项目	操作说明	操作图示
暗电阻	万用表置 R×1kΩ 挡，将两表笔接到光敏电阻器的两脚。用黑纸片将照射在光敏电阻器上的光线完全遮住，只露出引脚，测试电阻值。电阻值应大于 1MΩ，若此值很小或接近于零，说明光敏电阻器内部已短路	
亮电阻	去掉黑纸片，在光照条件下测量，阻值明显减小（约 20kΩ 左右）。若值很大甚至∞，表明光敏电阻器内部已开路	
电阻的变化	将黑纸片左右移动时，万用表的指针应来回摆动。若万用表指针始终停在某一位置不摆动，说明光敏电阻器已损坏	

四、压敏电阻器

电压敏感电阻器是利用半导体材料的非线性原理制成，当外加电压施加到某一临界值时，电阻器的电阻值急剧变小。常用于抑制瞬变电压以及对半导体器件和电子设备进行保护。如彩电电源电路中用压敏电阻器来防护电源的输入端有高压（雷电）侵入。

压敏电阻器的部分特性，如表 2-3-5 所示。

表 2-3-5　压敏电阻器的特性

项目	示例实物图	伏安特性	伏安曲线图
内容		电阻器两端电压低于标称电压时，其电流为零；当两端电压增加到某一临界值（理想值为标称值）时，电流值急剧增加	

续表

项　目	工作状态	特　　点	检　测
内容	（1）在电路正常工作时，压敏电阻器呈断路状态； （2）压敏电阻器启动后，两端的电压（称为残压）低于电路电压允许的最高值	（1）响应速度快； （2）耐冲击电流很强，过压冲击后能迅速恢复到初始状态，使用寿命长； （3）有几伏到几千伏等多种规格； （4）价格低廉； （5）适用于过压保护电路、消火花电路、能量吸收回路和防雷电路	万用表置 R×10kΩ 挡，测量压敏电阻器的阻值应为∞，否则为不合格

第三部分　课后练习

2-3-1．完成表 2-3-6 中的内容填写。

表 2-3-6　常用的敏感电阻器

名　　称	元件特点	用　　途	检测方法
热敏电阻器			
光敏电阻器			
压敏电阻器			

第三章 电容及电容元件

电容器是电子、电力领域中不可缺少的重要元件之一，在电子整机中一般约占所用电子元件总量的 20%～30%，广泛应用于阻隔直流、信号耦合、旁路、滤波、调谐回路、能量转换和控制电路等方面，在电路中用文字符号"C"表示，通常简称为电容。

表征电容器容纳电荷的本领是电容量（或电容）。在国际单位制中的单位是法拉，简称法，用文字符号"F"表示。还有毫法（mF）、微法（μF）、纳法（nF）和皮法（pF）等，它们之间的换算关系为：1 法拉(F)=10^3 毫法(mF)=10^6 微法(μF)=10^9 纳法(nF)=10^{12} 皮法(pF)。

第一节 电容器概述

电容器的种类繁多，结构也有所不同，但电容器的基本结构是一样的。主要由两片相距很近的金属电极（金属薄膜）中间夹层绝缘物质（又称电介质）和电极引线构成，如图 3-1-1（a）所示；它在电路图中的图形符号，如图 3-1-1（b）所示。

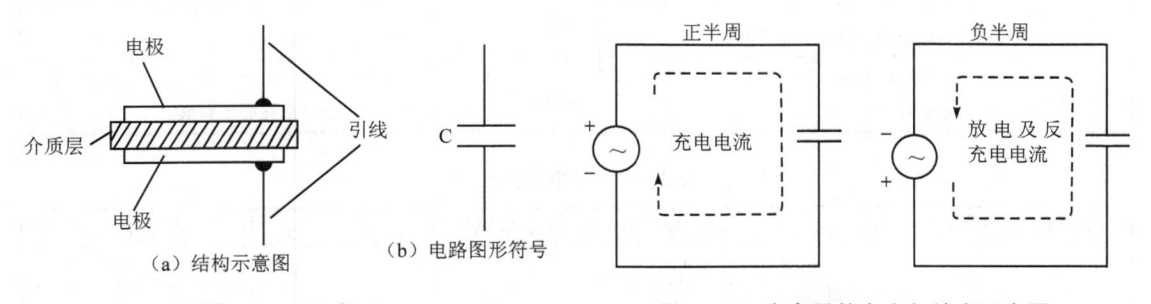

图 3-1-1 电容器

图 3-1-2 电容器的充电与放电示意图

电容器的结构特点决定了它具有"隔直流、通交流"的基本性能。因为直流电的极性和电压大小是一定的，所以不能通过电容器；而交流电的极性和电压的大小是不断变化的，能使电容器不断地交替进行充电和放电，在电路中不停地有电流流动，如图 3-1-2 所示。所以可以认为交流电通过了电容器。因此，电容器实际上就是储存电能的电子元件。

第一部分 实例示范

图 3-1-3 所示为几种不同的电容器，查出它们的名称，并将结果填入表 3-1-1 中。

(a) (b) (c) (d)

图 3-1-3　电容器图

表 3-1-1　电容器的名称

序　号	a	b	c	d
名　称	陶瓷电容器	涤纶电容器	电解电容器	微调电容器

第二部分　基本知识

一、电容器的分类

电容器的种类繁多，分类方法多种多样。按结构的可调节性分为固定电容器、可变电容器和微调电容器三类，其中使用最多的是固定电容器。可变电容器常见的有空气介质电容器和塑料薄膜电容器；微调电容器又叫做半可变电容器，一般使用的有空气介质、陶瓷介质和有机薄膜介质等。按用途分类如表 3-1-2 所示，按绝缘介质材料分类如表 3-1-3 所示。

表 3-1-2　按用途分类

用　途	名　称	用　途	名　称
高频旁路	陶瓷电容器、云母电容器、玻璃膜电容器、涤纶电容器、玻璃釉电容器	低频旁路	纸介电容器、陶瓷电容器、铝电解电容器、涤纶电容器
滤波	铝电解电容器、纸介电容器、复合纸介电容器、液体钽电容器	调谐	陶瓷电容器、云母电容器、玻璃膜电容器、聚苯乙烯电容器
高频耦合	陶瓷电容器、云母电容器、聚苯乙烯电容器	低频耦合	纸介电容器、陶瓷电容器、铝电解电容器、涤纶电容器、固体钽电容器

表 3-1-3　按电介质分类

电介质类型	电介质	电容器名称	电介质类型	电介质	电容器名称
有机固体	有机薄膜	聚酯（涤纶）电容器	无机固体	陶瓷（独石）	高频瓷介电容器
		漆膜电容器			低频瓷介电容器
		聚苯乙烯电容器			瓷介微调电容器
		聚丙烯电容器		玻璃釉	玻璃釉电容器
		聚四氟乙烯电容器		云母	云母电容器
	纸介质	固体浸渍电容器	电解液	铝介质	有极性电容器
		液体浸渍电容器			无极性电容器
气体	空气	空气可变电容器			双极性电容器
		空气微调电容器		钽介质	固体钽电解电容器
	真空	真空电容器			液体钽电解电容器
	充气式	充气式电容器		铌介质	铌电解电容器
液体	油渍	油渍电容器	复合介质	纸膜混合	纸膜混合电容器

二、电容器的主要参数

（一）电容器的主要参数

电容器的各种参数很多，但在实际使用中，一般只考虑电容量、工作电压和绝缘电阻，只有在诸如谐振、振荡等有特殊技术要求的电路中，才考虑容量误差，高频损耗等参数。其意义如表 3-1-4 所示。

表 3-1-4　电容器的主要参数

主要参数	意　义
标称电容量	标志在电容器上的电容量
额定电压	电容器在连续使用中所能承受的最高电压，也称耐压，一般直接标注在电容器外壳上。常用的固定电容工作电压有 6.3V、10V、16V、25V、50V、63V、100V、250V、400V、500V、630V、1000V
绝缘电阻	直流电压加在电容器上，并产生漏电电流，两者之比称为绝缘电阻
允许误差	允许存在的实际电容量与标称电容量的误差
损耗角正切	在规定频率的正弦电压下，电容器的损耗功率除以电容器的无功功率
温度特性	20℃基准温度的电容量与有关温度的电容量的百分比

（二）标称系列及允许误差

几种常用固定电容器标称系列及允许误差如表 3-1-5 所示。

表 3-1-5　固定电容器标称系列及允许误差

系　列	E24		E12		E6	
允许误差（%）	±5		±10		±20	
标称容量（μF）	1.0	3.6，3.9	1.0	3.9	1.0	—
	1.1，1.2	4.3，4.7	1.2	4.7	—	4.7
	1.3，1.5	5.1，5.6	1.5	5.6	1.5	—
	1.6，1.8	6.2，6.8	1.8	6.8	—	6.8
	2.0，2.2	7.5，8.2	2.2	8.2	2.2	—
	2.4，2.7	9.1	2.7	—	—	—
	3.0，3.3		3.3		3.3	

（三）电容器的特性

常用电容器的几项特性，如表 3-1-6 所示。

表 3-1-6　常用电容器的几项特性

电容器种类	容量范围	直流工作电压（V）	漏电电阻（MΩ）	运用频率（MHz）
中小型纸介电容器	470pF～0.22μF	63～630	>5000	8 以下
中小型金属化纸介电容器	0.01μF～0.22μF	160、250、400	>2000	8 以下
云母电容器	10pF～0.51μF	100～7000	>10000	75～250 以下
金属壳密封金属化纸介电容器	0.22μF～30μF	160～1600	>30~5000	直流、脉动电流
金属壳密封纸介电容器	0.01μF～10μF	250～1600	>1000~5000	直流、脉动直流
钽、铌电解电容器	0.47μF～1000μF	6.3～160		直流、脉动直流
铝电解电容器	1μF～10000μF	4～500		直流、脉动直流

续表

电容器种类	容量范围	直流工作电压（V）	漏电电阻（MΩ）	运用频率（MHz）
可变电容器	7pF～1100pF	100 以上	>500	高频、低频
薄膜电容器	3pF～0.1μF	63～500	>10000	高频、低频
瓷介电容器	1pF～0.1μF	63～630	>10000	高频、低频
瓷介微调电容器	2/7pF～7/25pF	250～500	>1000～10000	高频

三、电容器型号命名及标注方法

（一）电容器的型号组成

国产电容器的型号组成，如图 3-1-4 所示；型号命名法如表 3-1-7 所示。以 CBB11 型非密封聚丙烯电容器为例，如图 3-1-5 所示。

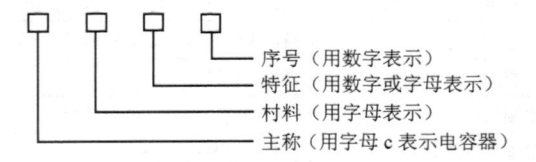

```
□ □ □ □
│ │ │ └── 序号（用数字表示）
│ │ └──── 特征（用数字或字母表示）
│ └────── 材料（用字母表示）
└──────── 主称（用字母 c 表示电容器）
```

图 3-1-4　电容器的型号组成

表 3-1-7　电容器的型号命名法

第一部分	第二部分			第三部分					第四部分
用字母表示主称	用字母表示介质材料			用数字或字母表示特征					用数字或字母表示序号
符号 意义	序号	符号	意义	符号	瓷介电容器	云母电容器	有机电容器	电解电容器	
C　电容器	1	A	钽电解	1	圆形	非密封	非密封	箔式	包括品种、尺寸代号、温度特性、直流工作电压、标称值、允许误差、标准代号
	2	B	非极性薄膜	2	管形	非密封	非密封	箔式	
	3	BB	聚丙烯	3	叠片	密封	密封	烧结粉，液体	
	4	BF	聚四氟乙烯	4	独石	密封	密封	烧结粉，固体	
	5	C	高频陶瓷	5	穿心	—	穿心	—	
	6	D	铝电解	6	支柱等	—	—	—	
	7	E	其他材料电解	7	—	—	—	无极性	
	8	G	合金电解	8	高压	高压	高压	—	
	9	H	纸膜复合	9	—	—	特殊	特殊	
	10	I	玻璃釉	GT	高功率电容器				
	11	J	金属化纸介	W	微调电容器				
	12	L	极性有机薄膜						
	13	LS	聚碳胺脂						
	14	N	铌电解						
	15	O	玻璃膜						
	16	Q	漆膜						
	17	S, T	低频陶瓷						
	18	V, X	云母纸						
	19	Y	云母						
	20	Z	纸介						

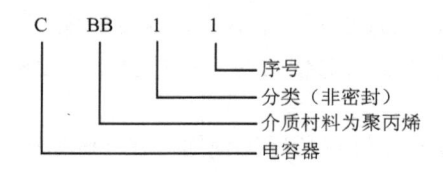

```
C  BB  1  1
│   │  │  └─ 序号
│   │  └──── 分类（非密封）
│   └─────── 介质材料为聚丙烯
└─────────── 电容器
```

图 3-1-5　电容器的型号示例

（二）电容器的标志内容与标注方法

电容器的标志内容与标注方法，如表 3-1-8 所示。

表 3-1-8　电容器的标志内容与标注方法

标注方法	示例	标注方法	示例
直标法	商标：北京；表示电容：C025；耐压值 25V；容量 2200μF；负极引线（短脚）；正极引线（长脚）	不标单位的直标法	例1：100（100pF）；例2：0.01（0.01μF）；例3：4.7（4.7μF，负极标志）
文字符号法	例1：2μ2（2.2μF，负极标志）；例2：3n9（3.9×10⁻⁹F=3.9×10³pF=3900pF）。用数字表示有效值，字母表示数值的量级	数码法	例1：103（10×10³=10000pF=0.01μF）；例2：224（22×10⁴=220000pF=0.22μF）。一般用三位数字表示电容量的大小，其单位为pF。其中第一、二位为有效值数字，第三位表示倍乘数，即表示有效值后"零"的个数
色环表示法	一环，第一位有效数；二环，第二位有效数；三环，倍率；四环，允许误差。与电阻色环表示法一致	色点表示法	第一位数；第二位数；第三位数（倍率）；第四位数（误差）

（三）小型电解电容器工作电压色点表示法

小型电解电容器的耐压值往往用色点标在电容器正极的根部，其规则如表 3-1-9 所示。

表 3-1-9　电容器工作电压色标规则

颜　　色	黑	棕	红	橙	黄	绿	蓝	紫	灰
电压（V）	4	6.3	10	16	25	32	42	50	63

四、电容器使用注意事项

1．不同电路应该选用不同种类的电容器。

2．电容器在电路中实际要承受的电压不能超过它的耐压值。使用电解电容器时，还要注意正负极不要接反。

3．电容器在装入电路前要检查它有没有短路、断路和漏电等现象，并且核对它的电容量。安装时，要使电容器的类别、容量、耐压等符号容易看到，以便核对和维修。且焊接时间不易太长。

4．在安装电容器时，应使电容器远离热源。在安装小容量电容器及高频回路的电容器时，应用支架将电容器托起，以减少分布电容对电路的影响。

5. 电解电容器经长期存放后需要使用时，不可直接加上额定电压，应老化后再使用，否则会有爆炸的危险。

6. 有极性的电解电容器不允许在负压下使用，在 500MHz 以上的高频电路中，应采用无引线的电容器。

7. 使用可变电容器时，转动的转轴松紧程度应适中，有过紧或松动现象的电容器不要使用。

8. 使用微调电容器时，要注意微调机构的松紧程度，调节过松的电容器的容量会不稳定，而调节过紧的电容器极易发生调节时的损坏。

第三部分　课后练习

3-1-1．找几种不同类型的电容器，进行识别，并填写表 3-1-10。
（1）类型：指电容器的类型（如：瓷介电容器、电解电容器等）；
（2）标注：指电容器上标注的形式（0.033、47μF、0.01 等）；
（3）容量：指根据标注识别出的电容器容量；
（4）耐压：电解电容器的耐压值。

表 3-1-10　电容器的识别

序号	类型	标注	容量	耐压	序号	类型	标称	容量	耐压
C1					C6				
C2					C7				
C3					C8				
C4					C9				
C5					C10				

第二节　固定电容器

按电容器的结构分类，将在使用过程中电容量不可调节的电容器归为固定电容器，它是电气设备、电子电路中使用得最多的电容器。

第一部分　实例示范

图 3-2-1 所示为几种不同的固定电容器，查出它们的名称和用途，并将结果填入表 3-2-1 中。

　　　（a）　　　　　（b）　　　　　（c）　　　　　（d）

图 3-2-1　固定电容器图

表 3-2-1　固定电容器的名称和用途

序　号	a	b	c	d
名　称	瓷管密封纸介质电容器	聚丙烯薄膜电容器	瓷介电容器	电解电容器
用　途	适用于低频电路	适用于各种家用电器	适用于低频、高频电路	适用于电源滤波、低频耦合、去耦、旁路等场合

第二部分　基本知识

一、纸介与金属化纸介电容器

纸介电容器用特制的电容器纸作为介质，铝箔或锡箔作为电极并卷绕成圆柱形，接出引线，经过油渍处理后，用外壳封装或用环氧树脂灌封。它的结构如图 3-2-2 所示。

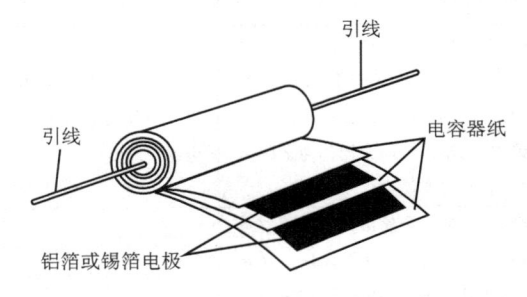

图 3-2-2　纸介电容器结构示意图

纸介电容器具有电容量范围宽（1μF～20μF）、工作电压高、体积小、工艺简单、生产成本低等优点，它的工作温度一般在 85℃～100℃以下，但有介质损耗大、化学稳定性和热稳定性差，容易老化等缺点。广泛应用于直流及低频电路中。几种常用纸介与金属化纸介电容器简介，如表 3-2-2 所示。

表 3-2-2　几种常用纸介与金属化纸介电容器

名　称	简　介	用　途	示例实物图
瓷管密封纸介质电容器	由于电容器系卷积而成，因此分布电感较大，介质损耗大	适用于直流、交流、脉动和脉冲电路	
金属化纸介质电容器	在电容器纸上蒸发一层金属膜作为电极的电容器。其体积小，容量大（6500pF～30μF），但性能较差	适用于小型电子仪器、通信设备及各种电子设备的直流或脉冲电路	
无感电容器	采用新工艺，消除了因卷积形成的分布电感	适用于尖波吸收电路	

二、塑料薄膜电容器

几种常用塑料薄膜电容器简介，如表 3-2-3 所示。

表 3-2-3　几种常用塑料薄膜电容器

名　称	简　介	用　途	示例实物图
聚酯薄膜电容器（涤纶电容器）	以聚酯薄膜为介质，金属箔（膜）为电极，卷绕成型并装入塑料壳密封而成。容量范围较宽（470 pF～4μF），成本低，但稳定性较差。用金属膜式电极制作的电容器称为金属化聚酯薄膜电容器，且具自愈能力	适用于稳定性要求不高的场合，例如电子仪器、仪表、扩音机等的耦合、旁路电路	
聚苯乙烯薄膜电容器	以聚苯乙烯薄膜为介质，电极有金属箔式和金属膜式两种。电容量范围宽（10pF～2μF），最大工作电压可达 40kV、制作工艺简单、价格低，能在–40℃～+55℃环境中工作，但耐热性差。用金属膜式电极制作的电容器称为金属化聚苯乙烯薄膜电容器，且具自愈能力	适用于高频电路，但金属化聚苯乙烯电容器不宜用于高频和要求高绝缘电阻的场合	
聚丙烯薄膜电容器	以聚丙烯薄膜为介质，电极有金属箔式和金属膜式两种。电容量范围较宽（几十 pF～几十μF）、绝缘电阻高、高频特性好、体积小，工作可靠。用金属膜式电极制作的聚丙烯电容器称为金属化聚丙烯薄膜电容器，且具自愈能力	适用于交流、耦合、滤波及补偿电路和家用电器电路	
聚四氟乙烯电容器	以聚四氟乙烯薄膜为介质，金属箔为电极，卷绕后外面包裹聚酯耐热胶带并用环氧树脂灌封。具有体积小、耐高温、温度系数小、绝缘电阻高等特点	适用于特殊要求的场合，如雷达发射机等	

三、陶瓷电容器

几种常用陶瓷电容器简介，如表 3-2-4 所示。

表 3-2-4　几种常用陶瓷电容器

名　称	简　介	用　途	示例实物图
云母电容器	以云母片为介质，金属箔或金属膜为电极，塑料为外壳。电容量范围不宽（10pF～51000pF）、绝缘电阻高、频率特性稳定、温度特性好、稳定性和可靠性高，但价格较贵	适用于对稳定性和可靠性要求较高的场合及高频高压电子电路	
独石电容器	在若干片陶瓷薄膜坯上覆以电极材料，烧结成一块不可分割的整体，外面再用树脂包封而成。具有性能稳定、耐热、抗腐蚀等特点，但价格较贵	适用于各种场合的高频、低频电路	
瓷介电容器	以陶瓷为介质，涂敷金属薄膜（一般为银）经高温烧结后为电极，用环氧树脂包封而形成。耐热性能好、不易老化、抗腐蚀、体积小、容量大、绝缘性好、价格便宜，但参数误差较大	适用于隔直、耦合、旁路和滤波电路及对可靠性要求较高的高、中、低频场合	

四、电解电容器

（一）铝电解电容器

有极性铝电解电容器分别用两层铝箔作为电容器的正、负极板，在正、负极板上分别引出引脚，在两铝箔之间用绝缘纸隔开，使电容器的两极板绝缘，如图 3-2-3（a）所示；将整个铝箔紧紧地卷起来，浸渍电解质，装入外壳中；为了保持电解质溶液不泄漏、不干涸，在铝外壳的口部用橡胶塞进行密封，如图 3-2-3（b）所示。电解电容器在电路图中的图形符号，如图 3-2-3（c）所示。

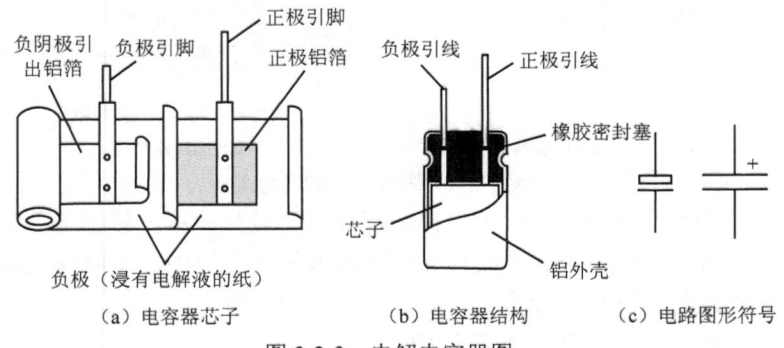

图 3-2-3　电解电容器图

铝电解电容器封装后，通过电化学反应的措施在铝箔表面形成了一层氧化膜，该氧化膜具有单向导电的特征。只有在电容器的正极接电源的正极，负极接电源的负极时，氧化铝膜才能起到绝缘介质的作用。如果将铝电解电容器的极性接反，氧化铝膜就变成了导体，电容器不但不能发挥作用，还会因有较大的电流通过，过热而造成损坏。

电解电容器虽然有极性，但如果在结构和工艺上采用新方法，也可以制成无极性的电解电容器。

铝电解电容器价格低，常用于电源滤波、低频耦合、去耦和旁路等场合。但不宜长久存放。几种常用铝电解电容器简介，如表 3-2-5 所示。

表 3-2-5　种常用铝电解电容器

名　称	简　介	用　途	示例实物图
CD11 型	漏电流小、损耗小、高低温性能可靠	适用于彩色电视机、VCD、音响、通信、电脑等电子装备的直流或脉动电路	
CD13 型	电压使用范围宽、容量大、能承受大波纹电流	适用于普通要求的电子电路	
CDM-L 型	金属外壳、全密封结构	适用于直流或脉动电路	

（二）钽电解电容器

钽电解电容器有固体电解质钽电容器和液体电解质钽电容器两种。

固体钽电解电容器的正极由钽粉烧结而成，将图 3-2-4（a）所示的电容器芯子，焊上引出线再装入外壳内，然后用橡胶塞封装或采用环氧树脂包封，便构成了固体钽电解电容器，结构示意图如图 3-2-4（b）所示。

(a) 电容器芯子

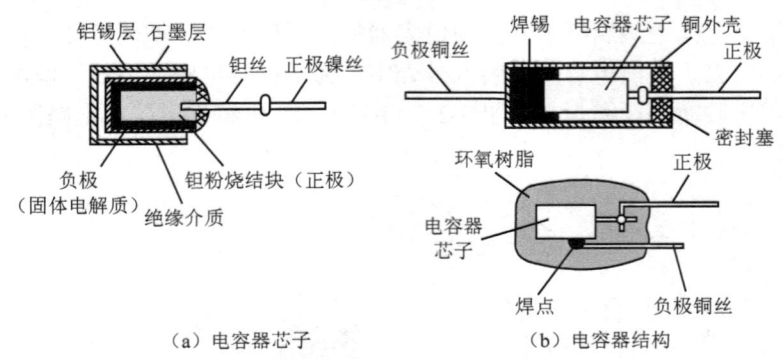

(b) 电容器结构

图 3-2-4　固体钽电解电容器图

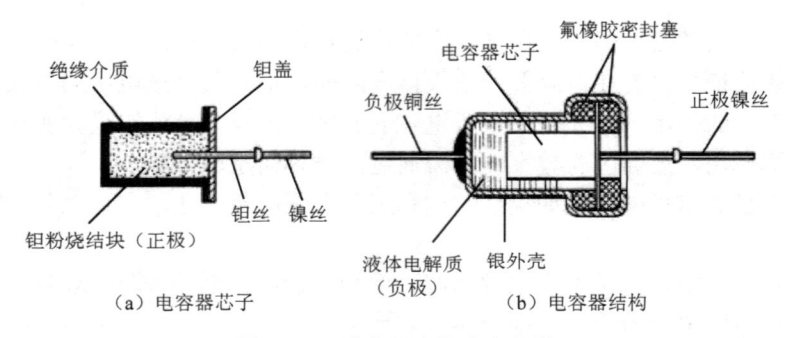

液体钽电解电容器的制造工艺比固体钽电解电容器较为简单。将图 3-2-5（a）所示的电容器芯子，装入含有硫酸水溶液或凝胶体硫酸硅溶液的银外壳中，以液体电解质为电容器负极，然后用氟橡胶密封塞进行卷边密封，如图 3-2-5（b）所示。

几种常用钽电解电容器简介，如表 3-2-6 所示。

(a) 电容器芯子

(b) 电容器结构

图 3-2-5　液体钽电解电容器图

表 3-2-6　几种常用钽电解电容器

名　称	简　介	用　途	示例实物图
CA40、CA41 型	小型固体电解质钽电容器，以金属为外壳、环氧树脂封装。CA40 型为轴向引出脚形式，CA41 型为单向引出脚形式。体积小，标称容量 0.1μF～220μF	适用于小型化的直流或脉动电路	
CA30 型	管状半密封、圆柱形、轴向引出、有极性，外壳为负极；电性能优良、稳定性可靠、漏电流小、寿命长	适用于通信、宇航等军民用电子设备	
CA81 型	银外壳封装、轴向引出、气密封、非固体电解质钽电容器。漏电小、性能优良、可靠、寿命长、耐高温	适用于石油深井测量和其他电子设备	

五、片式电容器

片式电容器主要为陶瓷独石结构，其外形代码、容量标法与片式电阻相同，容量范围在 1pF～4700pF 之间，耐压从 25V～2kV 不等。片式矩形电容器没有印刷标志，贴装时无朝向性，购买或维修时应特别注意。

常用矩形片式电容器类型，如表 3-2-7 所示。示例实物图如表 3-2-8 所示。

表 3-2-7 常用矩形片式电容的类型

类别	日本产品						欧美产品			
	Y	B	X	C	V	D	A	B	C	D
公制代号	3216	3528	4726	6032	5846	7343	3216	3528	6032	7343
长×宽（mm）	3.2×1.6	3.5×2.8	4.7×2.6	6.0×3.2	5.8×4.6	7.3×4.3	3.2×1.6	3.5×2.8	6.0×3.2	7.3×4.3

表 3-2-8 几种常用片式电容器

名称	一般片式电容器	片式钽电容器	片式电解电容器
示例实物图			

六、电容器的质量判断

（一）用指针式万用表判断

1．无极性电容器的绝缘电阻

将万用表置 R×10kΩ 挡，两表笔各自接至电容器的两个引线，如图 3-2-6 所示。一般小电容量的电容器，测得的电阻值应为∞或接近∞；容量较大的电容器，万用表指针会先沿顺时针方向摆动一下，然后很快回指∞。如果测得的电阻值小于 1MΩ，说明电容器漏电严重或介质有损坏，电容器不能使用。

测试时不要用手同时拿电容器的两个引线，以免人体电阻影响测试结果。测试结束后，应将电容器的两引线短接进行放电处理，以备重新检测时不受影响。

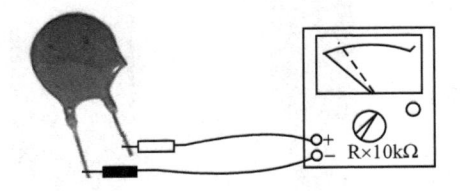

图 3-2-6 电容器绝缘电阻的判断

2．电解电容器的绝缘电阻

判断电解电容器绝缘电阻的方法，如表 3-2-9 所示。

表 3-2-9 电解电容器绝缘电阻的判断

欧姆挡的选择	操作图示			
	正常	断路	击穿	漏电
（1）当 c<1μF 时，选 R×10kΩ 挡； （2）当 c=（1~100μF）时，选 R×1kΩ 挡； （3）当 c>100μF 时，选 R×100Ω 挡	指针先向右偏转，再缓慢向左回归 正极	表针不动 正极	表针不回归 正极	R<500kΩ 正极

（二）用数字万用表测试电容器的电容量

用数字万用表测试电容器电容量的方法，如表 3-2-10 所示。

表 3-2-10　用数字万用表测试电容器电容量

项 目	操作说明	操作图示
内容	(1) 将黑表笔插入 COM 端子，红表笔插入 V·Ω 端子（红表笔极性为"+"）； (2) 将挡位选择开关转置於 ⊣⊦ 挡； (3) 将表笔探头接触电容器电极引线； (4) 待读数稳定后（长达 15 秒钟），阅读显示屏上的电容值	
注意事项	(1) 为避免损坏仪表，在测试电容前，要断开电路电源并将所有高压电容器放电。 (2) 测试大容量电容器时稳定读数需要一定的时间。 (3) 测量时两手不得碰触电容器的电极引线或表笔的金属端，否则仪表将跳数，甚至过载	

（三）用数字电容表测试电容器的电容量

1．测量电容器的电容量

以云母电容器为例测量其电容量，测试方法如表 3-2-11 所示。

表 3-2-11　用数字电容表测量电容器的电容量

步 骤	1	2	3	4
操作说明	将"测量线夹"插入相应的测量端口	将"功能开关"旋至 2000pF 挡位	调整校准电位器，使各位显示为零	接上被测电容器，即可在屏幕上读出该电容器的电容量。单位与"功能开关"所置挡位一致，为 pF，即为 1212pF
操作图示				

2．测量电解电容器的电容量

以 220μF 电解电容器为例测量其电容量，测试方法如表 3-2-12 所示。

表 3-2-12　用数字电容表测量电解电容器的电容量

步 骤	1	2	3	4
操作说明	任意选取"+"极插孔插入测量引线	将表的正、负测量端口与被测电解电容器引脚的极性对应相接	按标称容量（220μF）将"功能开关"选在 2000μF 的量程上	显示电容器的实际容量为 163μF，说明电容器已老化
操作图示				

第三部分 课后练习

3-2-1．用数字万用表、数字电容表测量几个不同电容器的电容量，填写表 3-2-13 中。

表 3-2-13 测量电容器的电容量

表　　型	被测电容器	标　称　值	测　量　值
数字万用表	C1		
	C2		
	C3		
数字电容表	C4		
	C5		
	C6		

第三节 可变电容器

可变电容器是一种电容量可以在一定范围内调节的电容器。按使用的介质材料有空气介质可变电容器和固体介质可变电容器；按电容量的变化范围有可变电容器和微调电容器。其中微调电容器的介质有空气、薄膜或陶瓷等。可变电容器在电路中的图形符号，如图 3-3-1 所示。

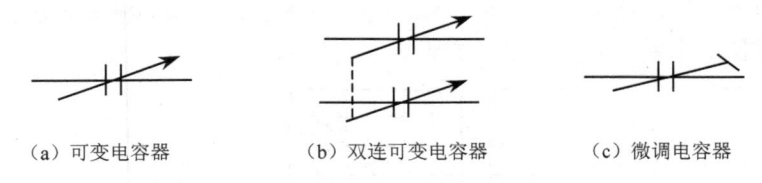

（a）可变电容器　　　（b）双连可变电容器　　　（c）微调电容器

图 3-3-1 可变电容器电路图形符号

第一部分 实例示范

图 3-3-2 所示为几种不同的可变电容器，查出它们的名称，并将结果填入表 3-3-1 中。

（a）　　　（b）　　　（c）　　　（d）

图 3-3-2 可变电容器图

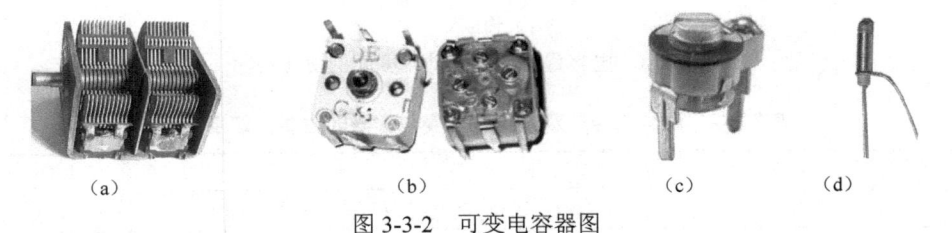

表 3-3-1 可变电容器的名称

序　　号	a	b	c	d
名　　称	空气可变电容器	固体介质可变电容器	半可变电容器	拉线电容器

第二部分　基本知识

一、空气可变电容器

空气可变电容器由两金属片组成电极，固定不动的一组称为定片，可以旋转的一组称为动片，动片和定片之间的绝缘介质是空气，如图 3-3-3 所示。由于转轴和动片相连，旋转转轴可改变动片与定片之间的角度，从而改变电容量。当动片全部旋入定片时，电容量最大；当动片从定片全部旋出时，电容量最小。电容量的大小取决于两组极片间的距离和两极片正对面积。

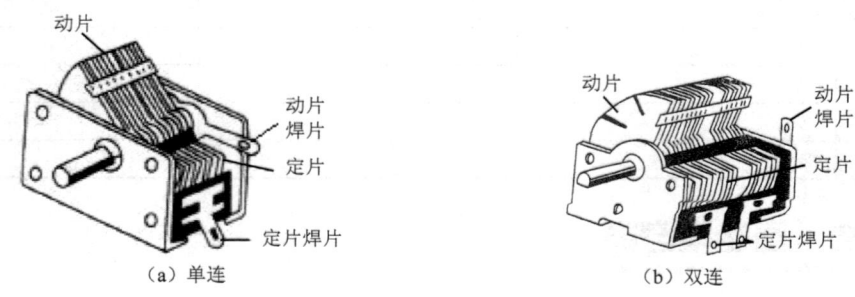

（a）单连　　　　　　　　　　（b）双连

图 3-3-3　空气可变电容器图

为了适应不同应用场合的要求，根据电容量与动片转动角度之间的变化规律，空气可变电容器的动片常做成不同的形状，常用的有直线电容式、直线波长式、直线频率式和对数电容式等几种形式。可变电容器的动片形状及其对应的容量变化规律如图 3-3-4 所示。将多个单连空气可变电容器同轴连在一起，可构成双连、三连、四连等同轴电容器。部分单连、双连空气可变电容器的主要性能及用途，如表 3-3-2 所示。

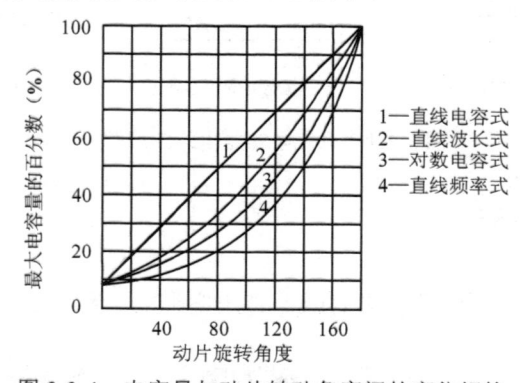

1—直线电容式
2—直线波长式
3—对数电容式
4—直线频率式

图 3-3-4　电容量与动片转动角度间的变化规律

表 3-3-2　部分单连、双连空气可变电容器的主要性能及用途

名　称	C1		C2		用　途
	最小（pF）	最大（pF）	最小（pF）	最大（pF）	
CB-X-260 型小型单连空气可变电容器	≤8	260			适用于收音机调谐电路
CB-1-50 型单连空气可变电容器	≤7.5	50			适用于电子仪器的电路
CB-2X-40 型双连空气可变电容器	4	44	4	44	直线电容式，适用于电子仪器
CB-2X-70/170 型超小型差容双连空气可变电容器	6	170	6	70	适用于收音机电路

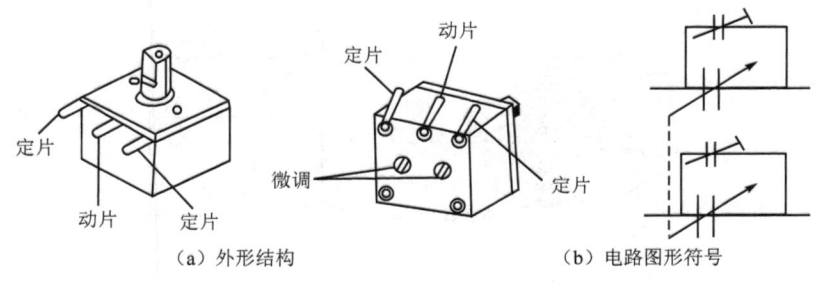

二、固体介质可变电容器

固体介质可变电容器在其动片和定片之间常以云母或塑料薄膜作介质,由于介质厚度通常很薄,这种电容器的动片与定片之间距极近,因而电容器的体积小。其外形结构如图 3-3-5 (a) 所示;在电路图中的图形符号,如图 3-3-5 (b) 所示。

图 3-3-5　固体介质可变电容器

三、微调电容器

微调电容器也称半可变电容器,由两片或两组小型金属弹片,中间夹绝缘介质组成。调节两极片之间的距离或两极片的正对面积即可改变电容量,电容量变化范围很小,一般在几到几十皮法,调整后就固定在某数值上。微调电容器在各种调谐及振荡电路中作补偿电容器或校正电容器使用。几种微调电容器简介,如表 3-3-3 所示。

表 3-3-3　微调电容器

名　称	简　介	示例实物图
瓷介微调电容器	由两片镀有银面的瓷片构成,上面是动片,下面是定片,用改锥旋转动片可改变电容量。	
拉线电容器	以镀银瓷管或粗导线为定片,以密绕的细铜线为动片,调节动片的圈数,即可改变电容量。 可调范围很小,有多种规格,价格便宜。但铜线拉开后不易复原。	

四、可变电容器的检测

1. 转轴机械性能的检测

用手轻轻旋动转轴,感觉应十分平滑,不应有时松时紧甚至卡滞的现象。将转轴向前、后、上、下、左、右等各个方向推动时,转轴不应有松动的现象。

2. 转轴与动片连接的检测

用一只手旋动转轴,另一只手轻摸动片组的外缘,感觉不应有任何松脱现象。转轴与动片之间接触不良的可变电容器,是不能使用的。

3. 动片与定片之间的检测

万用表置 R×10kΩ挡，一只手将两表笔分别接可变电容器的动片和定片的引出端，另一只手将转轴缓缓旋动几个来回，万用表指针都应在∞位置不动，如图 3-3-6 所示。在旋动转轴的过程中，若指针有时指向零，说明动片和定片之间存在短路点；如果旋到某一角度时，万用表示数不为∞而是出现一定阻值，说明可变电容器动片与定片之间存在漏电现象。

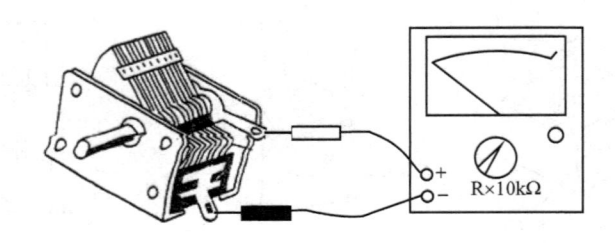

图 3-3-6 可变电容器的检测

第三部分 课后练习

3-3-1. 找空气可变电容器和固体介质可变电容器各一个，判断它们的机械性能，并用万用表检测它们的电性能。

第四章 电感及电感元件

凡能产生电感作用的元件统称为电感器。一般的电感器由导线（大多为带绝缘层的导线）绕成空心线圈或绕成带铁心（或磁芯）线圈而构成，电感器又称电感线圈，简称线圈。

电感器和电阻器、电容器一样，是电子电路中最常用的重要元件之一，能实现调谐、振荡、耦合、滤波、陷波、偏转、聚焦、延时补偿、电压变换、电流变换和阻抗变换等功能。

第一节 电感元件的基本知识

线圈在电路中所起的作用各有不同，但都具有在磁场中储存能量的本领。在电路中常用文字符号"L"表示，其图形符号如图 4-1-1 所示。

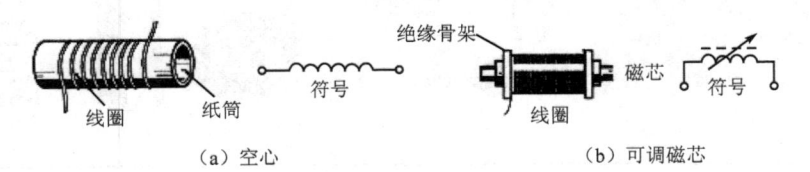

图 4-1-1 线圈结构示意图与电路图形符号

第一部分 实例示范

图 4-1-2 所示为几个不同的电感元件，查出它们的名称，并将结果填入表 4-1-1 中。

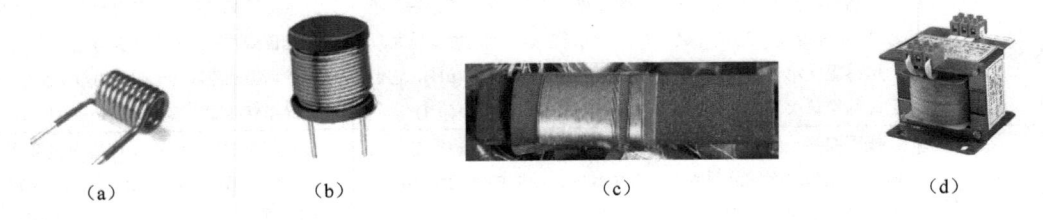

图 4-1-2 电感元件图

表 4-1-1 电感元件的名称

序 号	a	b	c	d
名 称	空芯电感线圈	磁芯电感线圈	磁棒线圈	电源变压器

第二部分 基本知识

一、线圈的构成

线圈的组成结构，如表 4-1-2 所示。

表 4-1-2 线圈的组成

名称	骨架	绕组	屏蔽罩	磁芯
构成	由陶瓷、塑料、电木及电工纸板等制成	常用各种规格的漆包线及电磁线在线圈骨架上绕制而成	用金属制成罩子将线圈封闭在其内，并可靠接地	用锰锌铁氧体或镍锌铁氧体磁性材料制成各种形状，以满足不同的需求
特点	影响线圈的质量以及稳定性	绕组的匝数越多，电感量越大；导线的直径粗，通过的电流较大，Q值较高	减小外界电磁场对线圈以及线圈产生的电磁场对外界的影响	增大线圈的电感量。并可通过调整磁芯在线圈中的位置来实现电感量的调节
示例实物图	密绕法 / 间绕法 / 空心线圈	脱胎法 / 蜂房式	磁芯 / 磁环 / 带磁芯线圈	圆形磁棒 / 环形磁芯 / E形磁芯 / 罐形磁芯 / 扁形磁棒 / 小磁芯 / 螺纹磁芯 / 双孔磁芯

二、线圈的主要参数

线圈的主要参数，如表 4-1-3 所示。

表 4-1-3 线圈的主要参数

主要参数	意义	作用
电感量（L）	电感量的大小主要取决于线圈的匝数、结构及绕制方法等。匝数越多、有磁芯或磁芯导磁率大、绕制越密集，则电感量越大。电感量的单位是亨利（H），还有毫亨（mH）和微亨（μH），它们之间的换算关系为：1 亨（H）=10^3 毫亨（mH）=10^6 微亨（μH）	电感量不同的线圈，其用途也不同。如短波段的谐振回路线圈电感量为几个微亨；中波段的谐振回路线圈电感量为数千微亨；电源滤波电路线圈电感量达 1H～30H
品质因数（Q）	线圈在某一频率的交流电压下工作时，所呈现的感抗与直流电阻之比为线圈的品质因数。Q值越大，线圈的损耗越小；反之，损耗越大。常用线圈的 Q 为几十至一百，最高仅为四、五百	使用线圈的场合不同，对 Q 值的要求也不同。如调谐回路的线圈 Q 值较高；耦合线圈 Q 值可以低一些；低频或高频扼流圈则可不考虑 Q 值
固有电容（C₀）	线圈的匝与匝、层与层，线圈与屏蔽盒，线圈与地等之间存在着的分布电容。这些电容是线圈所固有的	固有电容的存在会降低线圈的稳定性
额定电流	线圈正常工作时，允许通过的最大电流	高频扼流圈、大功率谐振线圈以及电源滤波电路的低频扼流圈等，在选用时应考虑额定电流

三、电感元件的分类

电感元件由于使用的场合广泛，因而它的种类繁多。分类形式也各异，常用的分类如表 4-1-4 所示。

表 4-1-4　电感元件的分类

分类依据	名　称	分类依据	名　称	
按磁芯分	铁心线圈	按电感量分	固定电感器	
	铁氧体线圈		可调电感器	
	铜芯线圈	按外形分	空心电感器	
按绕线结构分	单层线圈		实心电感器	
	多层线圈	按工作性质分	高频电感器	天线线圈
	蜂房式线圈			振荡线圈
按封装形式分	普通电感器		低频电感器	扼流圈
	环氧树脂电感器			滤波线圈
	贴片电感器			

四、电感元件的型号命名及标注方法

（一）电感元件的型号命名方法

电感元件的型号一般由四个部分组成，如图 4-1-3 所示。

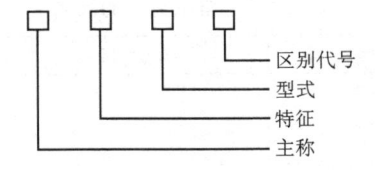

图 4-1-3　电感元件的型号组成

第一部分：主称，用字母表示（如 L 代表电感线圈，ZL 代表阻流圈）
第二部分：特征，用字母表示（如 G 代表高频）
第三部分：型式，用字母表示（如 X 代表小型）
第四部分：区别代号，用数字或字母表示
例如：LGX 型表示小型高频电感线圈

（二）电感元件的标注方法

电感元件的标志方法有直标法和色标法两种。

1. 直标法

直标法即在小型电感元件的外壳上直接用文字标出电感元件的电感量、允许误差和最大工作电流等主要参数。其中最大工作电流常用字母标志，如表 4-1-5 所示。

表 4-1-5　小型电感元件的工作电流与标志字母

标志字母	A	B	C	D	E
最大工作电流（mA）	50	150	300	700	1600

2. 色标法

色标法即在电感元件的外壳上涂上不同颜色的色点、色环，用来表明其参数。示例如表 4-1-6 所示。色点、色环颜色与数字所对应的关系同于电阻器色环标志法，所标志的电感量单位为 μH。

表 4-1-6 电感元件色标法

例	例 1	例 2	例 3
示例	第二位有效数 左侧面 倍乘 棕（10） 上顶部 黑（0） 棕（1） 第一位有效数 右侧面 金（±5%）	第一位有效数 第二位有效数 倍乘 误差 棕 黑 棕 银 （1）（0）（10¹）（±5%）	棕（10^1） 蓝（6） 棕（1） 倍乘 第二位有效数 第一位有效数
读数	L=10×10±5%=100μH±5%	L=10×10^1±5%=100μH±5%	L=16×10^1=160μH±20%

五、电感元件的检测

电感元件的检测，如表 4-1-7 所示。

表 4-1-7 电感元件的检测

项 目	外 观	线圈电阻	绝缘电阻	磁 芯	色码电感器
操作说明	看引线是否脱焊，绝缘材料是否烧焦，表面是否破损等	一般高频电感器的直流电阻约为零点几欧至几欧，低频阻流圈的直流电阻约为几百至几千欧。当用万用表测得电阻为∞时，说明线圈内部或引出端已断线；若指针指示为零，则说明线圈内部短路	测量低频阻流圈线圈引线与铁心或金属屏蔽罩之间的电阻，阻值应为∞，否则说明电感器绝缘不良	可变磁芯应不松动，无断裂，用无感改锥可进行伸缩调整	万用表置 R×1Ω 挡，测量色码电感器直流电阻值，所测之值与电感器内绕制圈数有直接关系，因此测量值会有大有小，甚至极小，但只要能测出电阻值，则说明色码电感器正常
操作图示					

第三部分 课后练习

4-1-1. 找几只电感元件，识别它们所属的类型、电感量的大小以及用途，并填写表 4-1-8。

表 4-1-8　电感元件

类　型	电感量	用　途	类　型	电感量	用　途

第二节　电感器

电感器有立式和卧式两种。一般采用软磁"工"字磁芯作芯子；用高强度漆包线（纱包线）排绕或乱绕成线圈，电感量在 10μH～22000μH 之间，Q 值控制在 40 左右；用 PVC 热缩性套管或装入塑料壳，用环氧树脂封装而成。部分电感器的结构如图 4-2-1 所示。

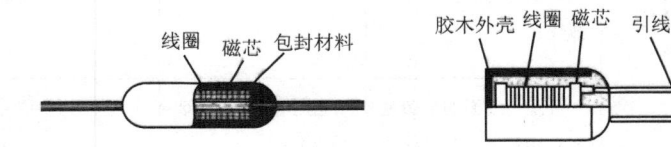

图 4-2-1　电感器结构图

电感器的特性与电容器的特性正好相反，它具有"通直流、隔交流"的特性。电流频率越高，电感器阻抗越大，电流越难以通过。电感器在电路中经常和电容器一起构成 LC 滤波器、LC 振荡器等来进行工作。电子电路中的电感器具有体积小、重量轻、结构牢固和安装方便等特点，主要用于滤波、陷波、振荡和延迟等。

第一部分　实例示范

图 4-2-2 所示为几个不同的电感器，查出它们的名称和用途，并将结果填入表 4-2-1 中。

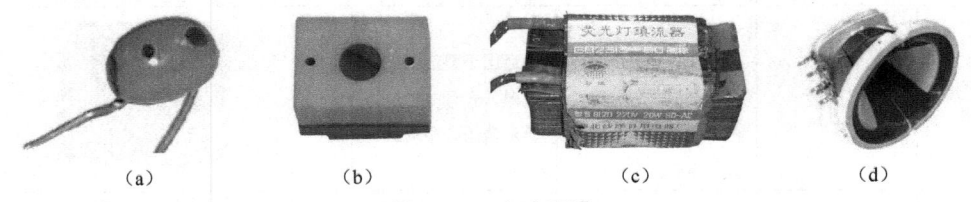

（a）　　　　（b）　　　　（c）　　　　（d）

图 4-2-2　电感器图

表 4-2-1　电感器的名称和用途

序号	名称	用途	序号	名称	用途
a	色码电感器	适用于高、中频电路	b	行线性线圈	调节电视机的行线性
c	镇流器	适用于日光灯电路	d	偏转线圈	电视机中控制电子扫描轨迹

第二部分　基本知识

一、部分常用电感器

部分常用电感器简介，如表 4-2-2 所示。

表 4-2-2 电感器

名 称	电路图形符号	简 介	应 用	示例实物图
空芯电感器		镀银线圈减小了高频电阻，提高了 Q 值	适用于高频扼流、分频器、滤波器	
瓷绕高频电感器		线圈绕组的匝与匝之间存在着分布电容，多层绕组与层之间，也都存在着分布电容，这个电容的存在，使线圈的工作频率受到限制，因此，高频电感器一般圈数较少	适用于高频扼流、分频器、滤波器	
棒状电感器				
模压电感器				
磁芯电感器		带磁芯线圈的电感量和 Q 值都比空芯线圈大	适用于高、中频选频放大器	
色码电感器		以铁氧体磁芯为基体，使用颜色环（或色点）表示电感线圈性能的小型电感器	适用于高、中频电路	

二、专用电感器

部分专用电感器简介，如表 4-2-3 所示。

表 4-2-3 部分专用电感器

名 称	电路图形符号	简 介	应 用	示例实物图
铁心低频阻流圈		在硅钢片组成的铁心上，绕一个绕组线圈而成。它有很大的电感量，通常可达几个亨到几十亨	适用于整流 LC 滤波器、音频滤波器，显示器用行阻流圈	
行线性线圈		由工字磁芯线圈和磁铁组成，和偏转线圈串联，调节行线性	适用于显示器校正非线性电路	可调电感器　内部结构
行振荡线圈		由骨架、线圈、调节杆、螺纹磁芯组成。线圈骨架采用耐热、阻燃材料制作，线材采用 QZ 等型漆包线。一般电感量为 5mH，调节量大于 ±10mH	适用于频率调整电路	

续表

名 称	电路图形符号	简 介	应 用	示例实物图
偏转线圈		由两组线圈，铁氧体磁环和中心位置调节磁片组成，调节磁片的材料为铁钴钒合金或磁性塑料	显示器中控制电子扫描轨迹，以便荧光屏上能显示图像	

三、片式电感器

片式电感器亦称表面贴装电感器，其引出端的焊接面在同一平面上。它与其他片式元器件一样，是适用于表面贴装技术的无引线或短引线微型电子元件。主要有绕线型、叠层型、编织型和薄膜片式等四种类型。片式电感器常用封装，如表 4-2-4 所示。部分片式电感器简介，如表 4-2-5 所示。

表 4-2-4　片式电感器常用封装

英制代号	0805	1008	1206	1210	1812
公制代号	2012	2520	3216	3225	4532

表 4-2-5　片式电感器

名 称	简 介	示例实物图
模压电感	电感内部采用薄片型印刷式导线，呈螺旋状，根据需要可将其叠在一起，外部采用铁氧体磁屏蔽层，以防磁场外泄，其规格如下表所示。 	名称	电感量	Q值	电流
---	---	---	---
3216（32×16）	0.05μH～33μH	30～50	50mA
3225（32×25）	1.5μH～330μH	50	50mA		
绕线型电感	采用高导磁性铁氧体磁芯，电感量在 0.1μH～1000μH 之间，Q 值为 50～100。线圈导线极细，在使用中应知道电流的大小，以免过流损坏电感	
功率电感	采用 LCP 塑胶底座，在内部铁氧体磁芯上绕上线圈，并扣有磁帽，有较好的屏蔽能力，功率大	

第三部分　课后练习

4-2-1. 利用电视机电路图，按照上面标示的电感器，找到对应的实物进行识别，并填写表 4-2-6。

表 4-2-6　电感器

名 称	电路图形符号	作 用	名 称	电路图形符号	作 用

第三节　小型变压器

变压器是变换电压、电流和阻抗的器件，它在电源和负载之间进行直流隔离，以最大限度地传输能量。一般变压器主要由铁心和线圈（也称绕组）两部分构成。线圈有两个或多个绕组，接交流电源（信号源）的线圈为初级线圈，与负载相连的线圈为次级线圈。变压器的结构示意，如图 4-3-1(a)所示；其在电路中的图形符号如图 4-3-1(b)所示。

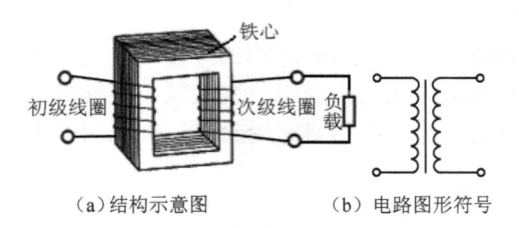

（a）结构示意图　　（b）电路图形符号

图 4-3-1　变压器图

第一部分　实例示范

图 4-3-2 所示为几个不同的变压器，查出它们的名称和用途，并将结果填入表 4-3-1 中。

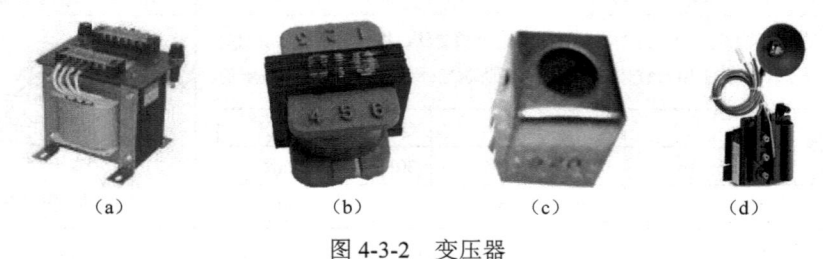

图 4-3-2　变压器

表 4-3-1　变压器的名称和用途

序号	名称	用途	序号	名称	用途
a	电源变压器	变换电源电压	b	低频变压器	变换低频电路输入、输出阻抗
c	中频变压器	改善接收机的通频带和选择性	d	行输出变压器	彩电中变换电压以保证显像管能正常产生光栅

第二部分　基本知识

一、变压器的种类和型号命名

（一）变压器的种类

变压器的种类繁多，用途广泛，有许多种不同的类别，常用的分类如表 4-3-2 所示。

表 4-3-2　变压器的分类

分类依据	名称	应用
按工作频率分	低频变压器	电源变压器，低频放大器输入、输出变压器，扩音机的线间变压器、耦合变压器

续表

分类依据	名称	应用
	中频变压器	收音机、电视机中频变压器以及检测仪器用中频变压器
	高频变压器	收音机的磁性天线、电视机的天线阻抗匹配器
	脉冲变压器	主要用于脉冲电路中,如显示器中的行输出变压器
按耦合方式分	空心变压器	适用于中频、高频电路
	磁芯变压器	适用于中频、高频电路
	铁心变压器	适用于低频电路

（二）变压器的型号命名方法

变压器的型号是根据变压器的用途来命名的。低频变压器型号命名由三部分组成如图 4-3-3(a)所示，主称部分字母表示的意义如表 4-3-3 所示；中频变压器型号命名由三部分组成如图 4-3-3(b)所示，各部分字母和数字所表示的意义如表 4-3-4 所示。

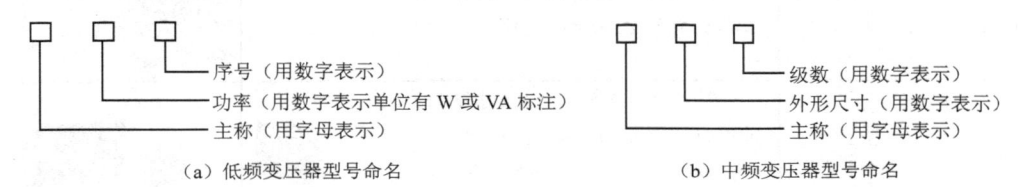

```
□ □ □                              □ □ □
│ │ └─ 序号（用数字表示）              │ │ └─ 级数（用数字表示）
│ └─── 功率（用数字表示单位有 W 或 VA 标注） │ └─── 外形尺寸（用数字表示）
└───── 主称（用字母表示）              └───── 主称（用字母表示）

（a）低频变压器型号命名              （b）中频变压器型号命名
```

图 4-3-3 变压器型号命名法

表 4-3-3 低频变压器型号主称字母及意义

字母	DB	GB	CD	RB	HB
意义	电源变压器	高压变压器	音频输出变压器	音频输入变压器	灯丝变压器
字母	SB 或 ZB		SB 或 EB		
意义	音频（定阻式）输送变压器		音频（定压式或自耦式）输送变压器		

表 4-3-4 中频变压器型号字母及意义

第一部分		第二部分		第三部分	
字母	名称、用途、特征	数字	外形尺寸（mm）	数字	中放级数
T	中频变压器	1	7×7×12	1	第一级
L	线圈或振荡线圈	2	10×10×14	2	第二级
T	磁性磁芯式	3	12×12×16	3	第三级
F	调幅收音机用	4	20×25×36		
S	短波段				

如 TTF-2-2 为调幅式收音机用磁性磁芯式中频变压器，外形尺寸为 10mm×10mm×14mm，第二级中频放大器用。

二、专用变压器

部分专用变压器简介，如表 4-3-5 所示。

表 4-3-5　部分专用变压器

名　称	电路图形符号	说　明	示例实物图
电源变压器	屏蔽层	由铁心、骨架、绕组、绝缘物及紧固件等组成，常用铁心有 E 型、EI 型和 C 型。屏蔽层接地可减小电网通过分布电容对电路的寄生耦合	（夹板固定式／夹子固定式；E 型、EI 型、C 型铁心形式）
环形电源变压器	T	铁心形状为环形的变压器，漏磁小、效率高，用有色线区分接线，使用十分方便	
音频变压器		一般用硅钢片作铁心，性能要求较高的则用坡莫合金片作铁心。体积小、功率小，在音频放大电路中起阻抗变换作用。输出变压器比输入变压器的直流电阻要小（约几欧）	
中频变压器	单调谐／双调谐	俗称中周，一般由磁芯、线圈、底座、支架、磁帽及屏蔽罩等组成。体积小、Q 值高，工作于固定频率，常用的有单调谐和双调谐。调节磁帽或螺杆磁芯就可改变电感量。收音机、电视机中均有使用，磁帽上的颜色表明其在电路中的安装位置	（磁帽、尼龙支架、磁芯、线圈、底座）
天线变压器	T	变压器的匝数与电容器、磁棒等有关	

三、自耦调压器

自耦调压器简介，如表 4-3-6 所示。

表 4-3-6　自耦调压器

简　介	电路图	特　点	示例实物图
只有一个绕组的变压器，既能降压又能升压。A-X 为交流 220V 电源输入端，a-x 为交流电压输出端。转动手柄可获得 0～250V 不等的输出电压，由手柄上的指针指示可知。适用于作可调电源（环形）	输入端／输出端	优点：两个绕组部分重叠，节省了部分铜线、体积较小、结构简单。缺点：初级和次级之间不能完全隔离。在降压电路中，若次级因意外断开，就会使输出电压升至和初级一样高，发生危险	

四、小型电源变压器的检测

小型电源变压器的检测，如表 4-3-7 所示。

表 4-3-7　小型电源变压器的检测

项　目	操作说明	操作图示
绝缘性能	万用表置 R×10kΩ 挡，分别测量铁心与初级、初级与各次级、铁心与各次级、屏蔽层与各线圈之间的电阻值，其值都应为 ∞	
线圈性能	万用表置 R×1Ω 挡，分别测量初、次级各个线圈的电阻值，初级（几十欧到几百欧），次级（几欧到几十欧）。若某个线圈电阻为 ∞，则说明线圈断路	
功率性能	按变压器的额定功率接上假负载，经过 5 分钟左右时间的试验。若测得电压为标定值，且变压器不发热，则可判断变压器线圈线径合格	
同名端	用 1 节电压为 1.5V 的干电池接至初级线圈两端，万用表置 DC2.5V 挡测量次级线圈两端，接通开关指针向右摆动，说明 a 与 c、b 与 d 为同名端；若指针向左摆动，则说明 a 与 d、b 与 c 为同名端	

第三部分　课后练习

4-3-1．完成表 4-3-8 中的内容填写。

表 4-3-8　常用的变压器

名　称	特　点	用　途
电源变压器		
中频变压器		
音频变压器		

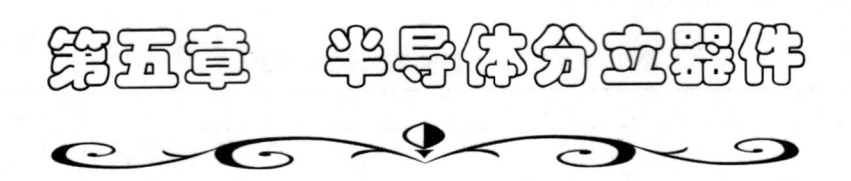

第五章 半导体分立器件

半导体分立器件泛指半导体（晶体）二极管、半导体三极管（简称二极管、三极管）及半导体特殊器件。它们是电工电子技术的基本要素，电气设备主要是由这些电子元件与电阻器、电容器和电感器所构成。

第一节 二极管

二极管的管芯是一个 PN 结，通常用硅或锗等半导体材料制成。在管芯两侧的半导体上分别引出电极引线，由 P 区引出的是正极（又称阳极），由 N 区引出的是负极（又称阴极）（通常在管体外壳上印有一定的标记用以区分），将管芯装入管壳后包封就制成了二极管。它在电路中的图形符号如图 5-1-1 所示。

图 5-1-1 二极管的电路图形符号

第一部分 实例示范

图 5-1-2 所示为几个不同的二极管，查出它们的名称，并将结果填入表 5-1-1 中。

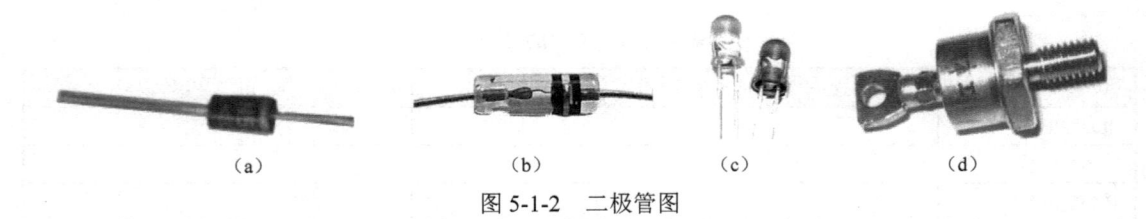

图 5-1-2 二极管图

表 5-1-1 二极管的名称

序 号	a	b	c	d
名 称	普通二极管	检波二极管	发光二极管	大功率整流管

第二部分 基本知识

一、二极管的分类

二极管的种类很多，通常可按组成材料、结构及制作工艺、封装形式、用途及功能等进行分类，如表 5-1-2 所示。

表 5-1-2 二极管的分类

分类依据	名 称	说 明
按材料分	硅二极管	硅材料二极管
	锗二极管	锗材料二极管
按结构及制作工艺分	点接触型二极管	小功率管
	面接触型二极管	大功率管
按外壳封装材料分	玻璃封装二极管	检波二极管常采用的封装（已很少采用）
	塑料封装二极管	小功率管采用的封装
	金属封装二极管	大功率整流二极管采用的封装
按用途及功能分	普通二极管	通用二极管
	检波二极管	专门用于信号检波的二极管
	整流二极管	专门用于整流的二极管
	开关二极管	作为电子开关使用
	稳压二极管	专门用于直流稳压的二极管
	发光二极管	能发出可见光，专门用于指示信号的二极管
	光敏二极管	对光有敏感作用的二极管
	变容二极管	高频电路中作为小可变电容器使用的二极管

二、国产半导体器件型号命名法

国产半导体器件型号命名由五部分组成，如图 5-1-3 所示；其符号及意义如表 5-1-3 所示。

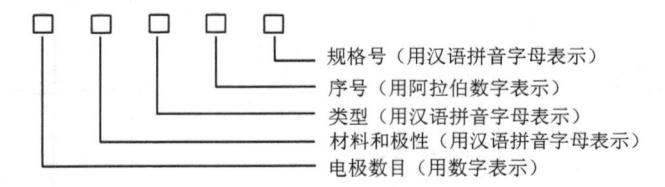

```
□ □ □ □ □
│ │ │ │ └── 规格号（用汉语拼音字母表示）
│ │ │ └──── 序号（用阿拉伯数字表示）
│ │ └────── 类型（用汉语拼音字母表示）
│ └──────── 材料和极性（用汉语拼音字母表示）
└────────── 电极数目（用数字表示）
```

图 5-1-3　国产半导体器件型号组成

表 5-1-3　国产半导体器件型号命名方法

第一部分		第二部分		第三部分					
符号	意义	符号	意义	符号	意义	符号	意义	符号	意义
2	二极管	A	N 型，锗材料	P	普通管	X	低频小功率管	A	高频大功率管
		B	P 型，锗材料	V	微波管				
		C	N 型，硅材料	W	稳压管				
		D	P 型，硅材料	C	参量管				
3	三极管	A	PNP 型，锗材料	Z	整流管	G	高频小功率管	CS	场效应器件
		B	NPN 型，锗材料	L	整流堆			FH	复合管
		C	PNP 型，硅材料	S	隧道管				
		D	NPN 型，硅材料	U	光电管				
				K	开关管	D	低频大功率管	JB	激光器件
				T	可控硅				
				B	雪崩管			BT	半导体特殊器件
				N	阻尼管				

如：2AP9—2 表示二极管，A 表示 N 型、锗材料，P 表示普通管，9 表示序号。

三、二极管的结构

二极管有点接触型和面接触型两类，如图 5-1-4 所示。点接触型二极管结面积小，不能通过较大电流，但高频性能好，一般适用于高频或小功率电路；面接触型二极管结面积大，允许通过的电流大，但工作频率低，多用于整流电路。

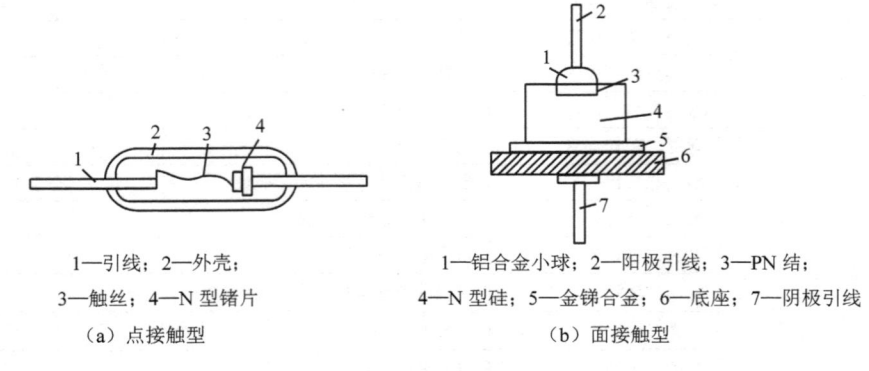

1—引线；2—外壳；
3—触丝；4—N 型锗片

（a）点接触型

1—铝合金小球；2—阳极引线；3—PN 结；
4—N 型硅；5—金锑合金；6—底座；7—阴极引线

（b）面接触型

图 5-1-4　二极管的结构示意图

四、二极管的导电特性及主要参数

按图 5-1-5 所示实验电路，可获得二极管的伏安特性曲线如图 5-1-6 所示。

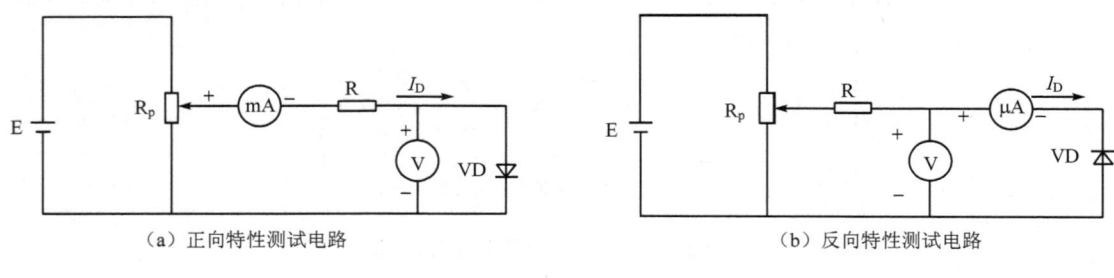

（a）正向特性测试电路

（b）反向特性测试电路

图 5-1-5　实验电路图

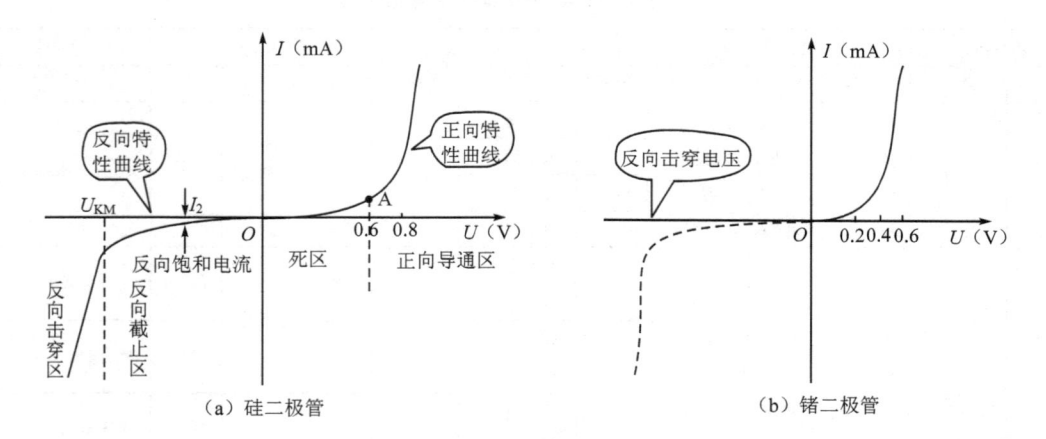

（a）硅二极管

（b）锗二极管

图 5-1-6　二极管的伏安特性曲线图

从二极管的伏安曲线可以看出，它最显著的导电特点就是单向导电性。一般情况下，二极管的截止电压，硅管约为 0.5V，锗管约为 0.2V；导通电压硅管约为 0.7V，锗管约为 0.3V。

二极管的主要参数及应用特点如表 5-1-4 所示。

表 5-1-4　二极管的主要参数及特点

主要参数	符号	图示	定义	应用特点
最大整流电流	I_F		二极管长期连续正常工作时，允许通过二极管的最大正向电流。对于交流电，就是二极管允许通过的最大半波电流平均值	实际应用中，最大整流电流一般应大于电路电流两倍以上，保证二极管不被烧毁
最高反向工作电压	U_R		二极管的所有参数不超过允许值时允许加的最大反向电压	一般只按反向击穿电压 U_{RM} 的一半计算
反向电流	I_s		二极管加反向电压时而未被击穿的电流	该值越小，二极管单向导电性越好

五、常用二极管简介

常用二极管的名称、特点及应用、示例实物图和图形符号，如表 5-1-5 所示。

表 5-1-5　常用二极管

名称	特点与应用	示例实物图	图形符号
普通二极管	点接触型，结电容小。适用于检波、整流电路		
整流二极管	利用二极管的单向导电性对交流电进行整流。主要适用于工频大电流整流电路	整流管　　大功率整流管	VD
开关二极管	从工艺上使得二极管反向恢复时间减短，开关速度加快。适用于限幅、箝位及二极管门电路		
检波二极管	点接触型，结电容小。锗管检波效率高、高频特性好	2AP12	
阻尼二极管	工作频率较高，能承受较高的反向击穿电压和较大的峰值电流		
稳压二极管	利用二极管反向击穿时，两端电压基本不变的特性。适用于限幅、过载保护及稳压电源等		VD
变容二极管	利用 PN 结的结电容随反向电压变化这一特性而制成的一种压控电抗元件		VD

六、二极管的检测

（一）用指针式万用表检测

用指针式万用表检测二极管，如表 5-1-6 所示。

表 5-1-6 指针式万用表检测二极管

项目	内容
量程选择	（1）一般小功率管应选用 R×100Ω 挡或 R×1kΩ 挡测量，不宜选用 R×1Ω 和 R×10kΩ 挡测量。前者由于电表内阻最小，通过二极管的正向电流较大，可能烧毁二极管；后者由于加在二极管两端的反向电压较高，易击穿二极管。 （2）对大功率管，可选 R×1Ω 挡测量
操作说明	若测得二极管正、反向电阻值差别较大，则说明其正常；若正、反向电阻值都很大，则说明其内部断路；若正、反向电阻值都很小，则说明其内部短路；若正、反向电阻值差别不大，则说明其失去单向导电性能。二极管的正、反向电阻值随检测万用表的量程不同而变化，这是正常现象
操作图示	正向　　　　　　　　　　　反向

（二）用数字万用表检测二极管

用数字万用表检测二极管，如表 5-1-7 所示。

表 5-1-7 数字万用表检测二极管

项目	内容
操作说明	（1）将黑表笔插入 COM 端子，红表笔插入 VΩ 端子（红表笔极性为"+"）； （2）将挡位选择开关转置于 ⊶ 挡，启动二极管测试，将红表笔探头接到待测二极管的正极，黑表笔探头接到负极； （3）阅读显示屏上的正向偏压值（近似值）（显示 550mV～700mV 为硅管；显示 150mV～300mV 为锗管）； （4）若探头与二极管的电极反接，则显示屏会出现 "OL"
操作图示	
注意事项	（1）在检测二极管时，为避免受到电击或造成仪表损坏，要确保电路的电源已关闭，并将所有电容器放电。 （2）若正反测量都不符合要求，则说明二极管已损坏

第三部分　课后练习

5-1-1. 根据表 5-1-8 中的图示，试判断二极管（硅管）的导通与截止？并求出流过二极管的电流 I？

表 5-1-8 看图填数据

图示	数据	图示	数据
	导通（　） 截止（　） I=		导通（　） 截止（　） I=

第二节 特殊二极管

二极管是一个庞大的家族，它除了普通二极管外，还有许多特殊用途的二极管，如单结晶体管和双向二极管等。

第一部分 实例示范

图 5-2-1 所示为几个不同的二极管，查出它们的名称，并将结果填入表 5-2-1 中。

（a） （b） （c） （d）

图 5-2-1 二极管图

表 5-2-1 二极管的名称

序号	a	b	c	d
名称	单结晶体管	双向二极管	高压硅堆	片式二极管

第二部分 基本知识

一、高压硅堆

高压硅堆简介，如表 5-2-2 所示。

表 5-2-2 高压硅堆

项目	内容
简介	（1）高压硅堆由多只高压硅二极管组合而成。 （2）在电视电路中作高压整流，其额定工作电压在 15kV～50kV 之间，视电视机电路而定。 （3）彩电中已将硅堆与行输出变压器一并封装
构成	示例实物图　　　　　　电路图形符号
检测操作说明	万用表置 R×10kΩ 挡，测量正、反向电阻有较大差别，则说明硅堆正常；使用其他欧姆挡测量，正、反向电阻都应为 ∞
检测操作图示	反向　　　　　　正向

二、单结晶体管

单结晶体管简介，如表 5-2-3 所示。

表 5-2-3　单结晶体管

项目	内容
简介	单结晶体管有三个管脚，一个发射极和两个基极，又称双基极二极管。可以组成自激多谐振荡器、定时电路、信号发生器等单元电路，广泛应用于脉冲及数字电路
构成	结构示意图　　等效电路图　　电路图形符号　　示例实物图
特性	按实验电路可获得单结晶体管的伏安特性曲线，从特性曲线上可以看出，它有截止区、负阻区和饱和区三个工作区域。 单结晶体管是一个负阻器件，对应每一个电流值都有一个确定的电压值，但对应每一个电压值，则可能有不同的电流值。据此，可在维持电压不变的情况下，使电流产生跃变，以取得控制较大电流的脉冲电流。 实验电路　　伏安特性曲线
检测操作说明	（1）万用表置 R×100Ω 或 R×1kΩ 挡，测任意两电极间的阻值，正、反向电阻值相等时，所测两个电极为基极，剩余的为发射极。两基极间的阻值应在 2kΩ～10kΩ 范围内。若阻值过大或过小，均不能使用。 （2）万用表置 R×100Ω 或 R×1kΩ 挡，测 e-b_2 极间、e-b_1 极间正向电阻，当测得电阻值较小时，万用表红表笔所接的电极为 b_2，否则为 b_1。发射极与任一基极间的正向电阻，正常值应为几 kΩ 至十几 kΩ，反向电阻应趋于 ∞。实际应用中无须准确区分 b_1 与 b_2，它们可以对调使用。 （3）按实验电路在基极 b_1-b_2 间外接 10V 直流电源，万用表置 R×100Ω 或 R×1kΩ 挡，红表笔接 b_1 电极，黑表笔接发射极。正常时，万用表指针应指 ∞；若万用表指针向右偏转，则表明单结晶体管无负阻特性
检测操作图示	区分 e, b　　　　　　　　　　　　　　区分 b_1, b_2

三、双向触发二极管

双向触发二极管简介，如表 5-2-4 所示。

表 5-2-4　双向触发二极管

项目	内容
简介	双向触发二极管是一个具有对称性的半导体二极管器件，由硅 NPN 三层结构组合而成。耐压值大致有 20V～60V、100V～150V 和 200V～250V 三个等级。其结构简单，价格低廉，常用来触发双向晶闸管，还可以用它组成过压保护等电路
构成	结构示意图　　等效电路图　　电路图形符号　　示例实物图
伏安特性曲线	从伏安特性曲线可以看出，双向触发二极管正向和反向伏安特性完全对称，且都具有相同负阻特性
检测操作说明	（1）使用万用表 R×1kΩ 挡测量，正、反向电阻值都很大；R×10kΩ 挡测量，正、反向电阻值约为几百千欧。若测得电阻值为 0 或 ∞，则说明已经损坏。 （2）使用兆欧表和万用表共同测量，摇动兆欧表（120 转/分钟），观察万用表直流电压挡读数；然后，将双向二极管反接，重复一次。若前后两次电压差小于 2V，说明双向二极管是好的
检测操作图示	万用表测量图　　兆欧表和万用表共同测量图

四、瞬态电压抑制二极管

瞬态电压抑制二极管简介，如表 5-2-5 所示。

表 5-2-5　瞬态电压抑制二极管

项目	内容
简介	瞬态电压抑制二极管是一种体积小，能起安全保护作用的器件。对电路中瞬间出现的浪涌电压脉冲能起到分流、箝位作用，可有效降低由于雷电、电路中开关通断时感性元件产生的高压脉冲对仪器设备的损坏。广泛应用于防雷击、防静电、防过压和抗干扰等场合
构成	结构示意图　　电路图形符号（单极型、双极型）　　示例实物图

续表

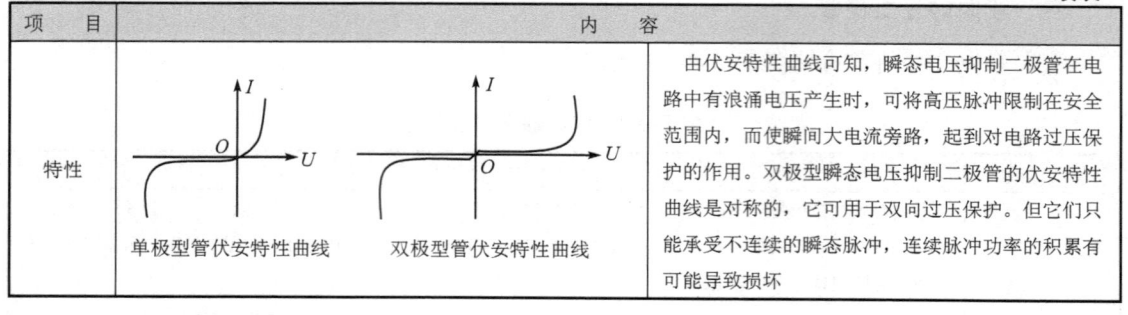

项目	内容	
特性	单极型管伏安特性曲线　　双极型管伏安特性曲线	由伏安特性曲线可知，瞬态电压抑制二极管在电路中有浪涌电压产生时，可将高压脉冲限制在安全范围内，而使瞬间大电流旁路，起到对电路过压保护的作用。双极型瞬态电压抑制二极管的伏安特性曲线是对称的，它可用于双向过压保护。但它们只能承受不连续的瞬态脉冲，连续脉冲功率的积累有可能导致损坏

五、片式元件

片式元件简介，如表 5-2-6 所示。

表 5-2-6　片式元件

名称	片式二极管	片式发光二极管
简介	SOT23 型二极管根据管内所含二极管的数量及连接方式，有单管、对管之分，对管中又有共阳、共阴和串接等方式	工作原理与普通发光二极管相同
图示	SOT23 型封装　　SOD123 封装	
检测方法	用万用表检测片式二极管的方法与检测普通二极管相同，测正、反向电阻时宜选用 R×1kΩ 挡	

第三部分　课后练习

5-2-1．完成表 5-2-7 中的内容填写。

表 5-2-7　常用特殊二极管

名　称	特　点	用　途
单结晶体管		
双向二极管		
瞬态电压抑制二极管		

第三节　三极管

半导体三极管又称晶体三极管，简称晶体管或三极管。其主要特性是对电信号进行放大或组成开关电路，广泛应用于各种电气电路中。

第一部分　实例示范

图 5-3-1 所示为几个不同的三极管，查出它们的名称，并将结果填入表 5-3-1 中。

(a) （b） （c） （d）

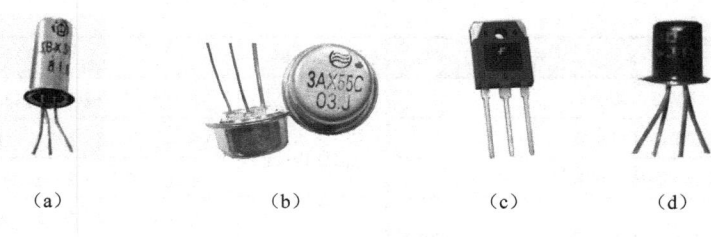

图 5-3-1　三极管图

表 5-3-1　三极管的名称

序号	a	b	c	d
名称	低频小功率管	金属封中功率管	塑料封大功率管	带屏蔽的高频管

第二部分　基本知识

一、三极管的结构与图形符号

三极管由两个相距很近的 PN 结构成，如图 5-3-2 所示。它有三个电极，引自于发射区、基区和集电区，称为发射极、基极和集电极，分别用字母 e（E）、b（B）、c（C）表示。发射区和基区之间的 PN 结叫发射结，集电区和基区之间的 PN 结叫集电结。三极管有两种形式，图 5-3-2（a）所示为 NPN 型三极管，电路图形符号如图 5-3-2（b）所示；图 5-3-2（c）所示为 PNP 型三极管，电路图形符号如图 5-3-2（d）所示。如果在三个电极之间加上不同极性的电压，它们便会有不同的工作状态，发射极箭头代表发射结正常工作时的电流方向。

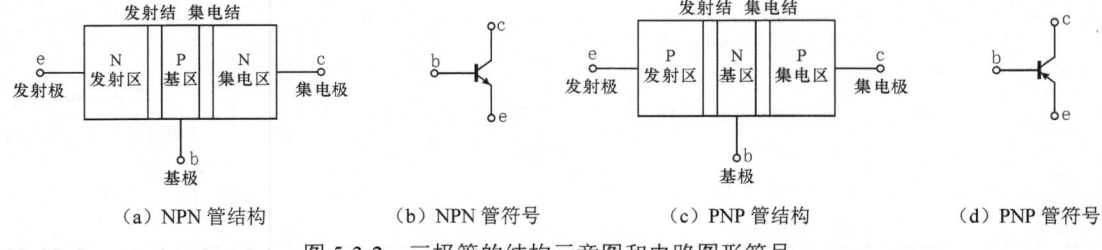

（a）NPN 管结构　　（b）NPN 管符号　　（c）PNP 管结构　　（d）PNP 管符号

图 5-3-2　三极管的结构示意图和电路图形符号

二、三极管的分类及型号命名方法

三极管有多种分类方法，通常的分类情况如表 5-3-2 所示。

表 5-3-2　三极管的分类

分类依据	名　称	分类依据	名　称
按材料分	硅晶体三极管	按功能及用途分	放大晶体管
	锗晶体三极管		开关晶体管
按导电极性分	NPN 型晶体三极管		复合晶体管（达林顿管）
	PNP 型晶体三极管		高反压晶体管
按工作频率分	低频晶体三极管		低噪声晶体三极管

续表

分类依据	名 称	分类依据	名 称
按工作频率分	高频晶体三极管	按结构及制作工艺分	合金晶体三极管（均匀基区晶体三极管）
	超高频晶体三极管		合金扩散晶体三极管（缓变基区晶体三极管）
按耗散功率分	小功率晶体三极管（$P_{CM} \leq 0.3W$）		台面晶体三极管（缓变基区晶体三极管）
	中功率晶体三极管（$1W > P_{CM} \geq 0.3W$）		平面晶体三极管、外延平面晶体三极管（缓变基区晶体三极管）
	大功率晶体三极管（$P_{CM} > 1W$）		

除了国产的以外，还有大量的来自于国外的三极管，各国的产品都有自己的型号命名方法。由于种类繁多，全面了解不太可能，也没有必要，但如果掌握了命名特点，就能从三极管标志的内容上，对其有所认知。部分产品的命名方法如表 5-3-3 所示。

表 5-3-3 各国三极管型号命名方法

型号组成	一	二	三	四	五	说 明
中国	符号及意义与二极管相同					如：3DX 表示 NPN 型低频小功率管
日本	2（PN 结数）	S（日本电子工业协会）	A：PNP 高频 B：PNP 低频 C：NPN 高频 D：NPN 低频	数字表示登记号	用英文字母表示 β	如：2SA732，简化标志为 A732，表示是 PNP 型高频管
美国	2（PN 结数）	N（美国电子工业协会）	数字表示登记序号			产品符号仅表示产地，而不表示规格和用途
欧洲	A：锗管 B：硅管	C：低频小功率，D：低频大功率 F：高频小功率，L：高频大功率 S：小功率开关管，U：大功率开关管	三位数字表示登记序号	用英文字母表示 β		如：BF100-A 表示高频小功率硅管 100 的改进型

韩国三星电子公司的产品，在市场上也比较多见。它以四位数来表示型号，如表 5-3-4 所示。

表 5-3-4 三星电子公司三极管

型 号	9011	9012	9013	9014	9015	9016	9018
极 性	NPN	PNP	NPN	NPN	PNP	NPN	NPN
功率（mW）	400	625	625	450	450	400	400
用 途	高频	功放	功放	低放	低放	超高频	超高频
频率（MHz）	150	150	140	80	80	500	500

常用三极管的名称、特点及应用和示例实物图，如表 5-3-5 所示。

表 5-3-5 常用三极管

名 称	塑料封装三极管	功率开关三极管	金属封装大功率三极管	高频三极管
特点及应用	有放大与开关作用，在电工电子电路中应用较多	耐高温、开关速度快、安全工作区宽、温度特性好，适用于节能灯、电子镇流器、电子高压器及开关电源等	适用于高电压、高电流的场合。使用中为提高使用寿命，常配合使用散热器	工作频率可达几百兆赫兹，具有高功率增益、低噪声、大动态范围和理想的电流特性，适用于调频信号发射，超声波探测
示例实物图				

三、三极管的导电特性及主要参数

以 NPN 型三极管为例，按图 5-3-3（a）所示实验电路，可获得三极管的输入伏安特性曲线如图 5-3-3（b）所示，输出伏安特性曲线如图 5-3-3（c）所示。

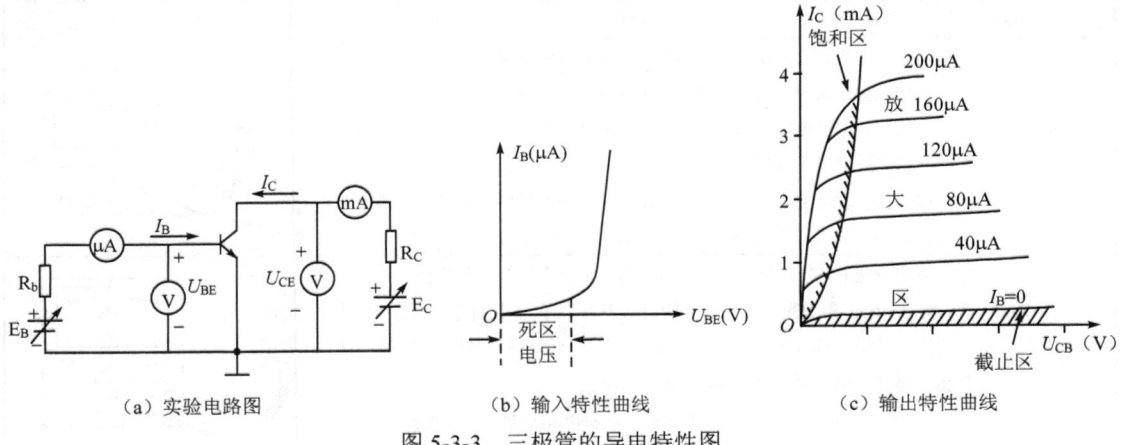

（a）实验电路图　　　（b）输入特性曲线　　　（c）输出特性曲线

图 5-3-3　三极管的导电特性图

由实验可知：

1. 三极管的输入特性与二极管的正向特性相似。
2. 三极管在发射结、集电结所加的偏置电压不同时，会工作在截止区、放大区和饱和区三个不同的区域。且在发射结正向偏置，集电结反向偏置的放大区，$I_E=I_C+I_B$，$I_C=\beta I_B$（β 一般在几十至几百之间），具有电流放大作用。

三极管的主要参数，如表 5-3-6 所示。

表 5-3-6 三极管的主要参数

主要参数	符 号	定 义	特 点
共发射极电流放大系数	$\beta=\dfrac{I_C}{I_B}$	三极管共发射极连接、且 U_{CE} 恒定时，集电极电流变化量 I_C 与基极电流变化量 I_B 之比	三极管的放大系数一般为 30～100，太大工作性能不稳定，太小放大能力差
集电极最大允许电流	I_{CM}	三极管正常工作时集电极允许通过的最大电流	当 I_C 超过一定值时，会使三极管烧毁，因此 $I_C<I_{CM}$

续表

主要参数	符号	定义	特点
集电极——基极反向饱和电流	I_{CEO}	发射极开路,在集电极与基极间加上一定的反向电压时流过集电结的反向电流	在一定温度下,I_{CEO} 是一个常量。温度升高,其值增大,并影响三极管的工作热稳定性。在相同的条件下,硅管比锗管的 I_{CEO} 小得多
发射结反向击穿电压	U_{EBO}	集电极开路,发射结反向击穿时,发射极与基极间加的反向电压	发射结加的反向电压应小于 U_{EBO} 的值,否则将击穿损坏三极管
集电极最大允许耗散功率	P_{CM}	使三极管将要烧毁而尚未烧毁的消耗功率	实际耗散功率应小于 P_{CM},否则三极管会被烧毁
频率参数		三极管用于交流放大时,电流放大系数与频率有关。当三极管工作频率较低时,β 值变化不大;当三极管用于高频电路时,电流放大系数将会随着工作频率的升高而不断减小	

四、三极管的检测

用指针式万用表检测三极管,如表 5-3-7 所示。

表 5-3-7 三极管的检测

项目	操作说明	操作图示
判定 b 极与三极管类型	(1) 万用表置 R×1kΩ 挡,测量三极管管脚中的每两个之间的正、反向电阻值。当用一表笔接其中一个管脚,而另一表笔分别接触另外两个管脚,测得电阻值均较小(1kΩ 或 5kΩ 左右)时,前者所接的那个管脚为三极管的 b 极。 (2) 将黑表笔接 b 极,红表笔分别接触其他两管脚,测得阻值都较小,则被测三极管为 NPN 型管,否则,为 PNP 型管	
判定 c 极	万用表置 R×1kΩ 挡,悬空 b 极,两表笔分别接剩余两管脚,此时指针应指∞。用手指同时接触 b 极与其中一管脚,若指针基本不摆动,可改用手指同时接触 b 极与另一管脚,若指针偏转较明显,读取指示值;再将万用表两表笔对调,同样测读数值。 比较两个示值,在示值较小的一次中,PNP 型三极管红表笔所接的电极为 c 极;NPN 型三极管黑表笔所接的电极为 c 极	
测量穿透电流 I_{CEO}	万用表置 R×1kΩ 挡,测 c-e 间的反向电阻。反向电阻越大,说明 I_{CEO} 越小。一般硅管阻值比锗管大;高频管比低频管阻值大;小功率管比大功率管阻值大。 同时还可对三极管的稳定性进行判断。用手捏住三极管的外壳,或将管子靠近发热体,所测反向电阻将开始减小。若指针偏转速度很快,或摆动范围很大,则说明三极管的温度稳定性差	
测电流放大能力	(1) 按电流放大法检测,指针偏转角度越大 β 值越高。 (2) 有的万用表中,设有专门的 h_{FE} 值测量挡,按插孔提示的要求插入三极管,便可从表盘上直接读取数值。 (3) 有些厂家在中、小功率三极管的管壳顶部标出不同的色点来表明放大倍数,如下表所示。 | 色点 | 棕 | 红 | 橙 | 黄 | 绿 | |---|---|---|---|---|---| | β | 17 | 17~27 | 27~40 | 40~77 | 77~80 | | 色点 | 蓝 | 紫 | 灰 | 白 | 黑 | | β | 80~120 | 120~180 | 180~270 | 270~400 | >400 |	

项　目	操作说明	操作图示
判定高频或低频管	万用表置 R×1kΩ 挡，置 R×10kΩ 挡，分别测量发射结的反向电阻。若万用表置 R×10kΩ 挡时指针偏转一个较大的角度，则被测三极管是高频管；反之，为低频管。由于三极管 PN 结反向击穿电压不同，万用表的电池电压又有差异，此方法判断不是很准	
大功率管	c 极为金属外壳。万用表置 R×1Ω 挡，用检测小功率三极管的办法，可以判定出 b 极和 e 极	

五、散热器

功率三极管在工作时，除了向负载提供功率外，本身也要消耗一部分功率，从而产生热量，使三极管的温度升高，穿透电流增大，严重时会烧毁三极管。因此，要保证三极管安全、稳定地工作，必须将热量散发出去。散热条件越好，对于相同结温所允许的管耗越大，输出功率也越大。一般大功率三极管都采用加装散热器及小风扇的办法来改善散热条件，如图 5-3-4 所示。散热器的尺寸选择可根据三极管的功率和电路类型而定。

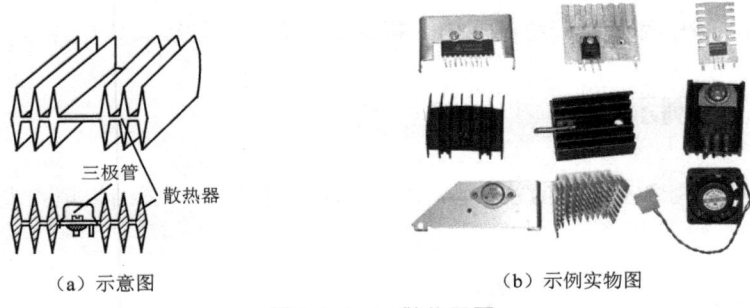

（a）示意图　　　　　　　　　　（b）示例实物图

图 5-3-4　散热器图

六、片式三极管

片式普通三极管有三个电极或四个电极，其封装的管脚数也各有不同。其接线形式、型号与外形如表 5-3-8 所示。

表 5-3-8　片式三极管

功率	小功率管		大功率管		接线形式图
型号	SOT143	SOT25	SOT26	SOT223	
外形					
功率	中功率管				
型号	D2PAK	D3PAK	SOT89	DPAK	
外形					

第三部分　课后练习

5-3-1. 找一些小功率三极管，用万用表对其进行检测，并将操作过程及结论填入表 5-3-9 中。

表 5-3-9　用万用表检测小功率三极管

项　目	操作过程及结论
判定 b 极和三极管类型	
判定 c 极	
测电流放大能力	
判定高频或低频三极管	

第四节　场效应管

场效应晶体管简称场效应管，是一种利用输入电压所产生的电场效应来控制输出电流实现放大作用的电压控制型元件，也称单极型晶体管。与半导体三极管相比，场效应管具有输入阻抗高（$10^7\Omega \sim 10^{15}\Omega$）、噪声低、功耗小、动态范围大、易于集成、没有二次击穿现象、安全工作区域宽等优点。是较理想的电压放大元件和开关元件，在高频、中频、低频、直流、开关及阻抗变换电路中都有着广泛的应用，特别适合做成大规模集成电路。

第一部分　实例示范

图 5-4-1 所示为几个不同的场效应管，查出它们的名称，并将结果填入表 5-4-1 中。

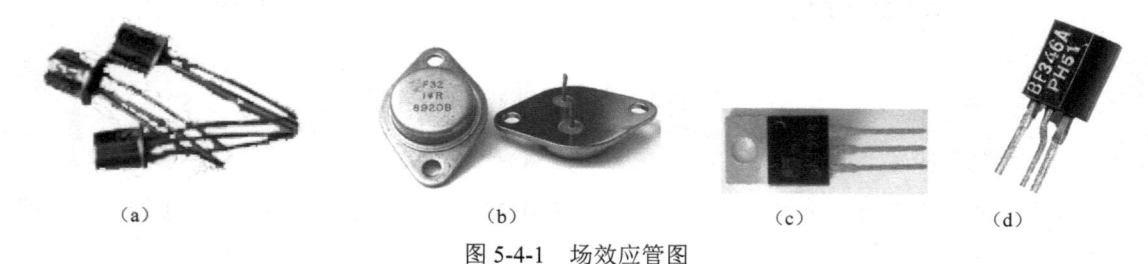

图 5-4-1　场效应管图

表 5-4-1　场效应管的名称

序　号	a	b	c	d
名　称	3DJ4E 结型场效应管（N 道沟）	金属封装场效应管	K1388 型场效应管	BF346A 型场效应管

第二部分　基本知识

一、场效应管的分类

场效应管的分类如图 5-4-2 所示。

二、场效应管的结构与图形符号

场效应管与一般三极管相比，也有三个电极，分别是相当于基极的栅极（用字母 G 或 g 表示），相当于发射极的源极（用字母 S 或 s 表示），相当于集电极的漏极（用字母 D 或 d 表示）。场效应管的结构与图形符号，如表 5-4-2 所示。

第五章　半导体分立器件

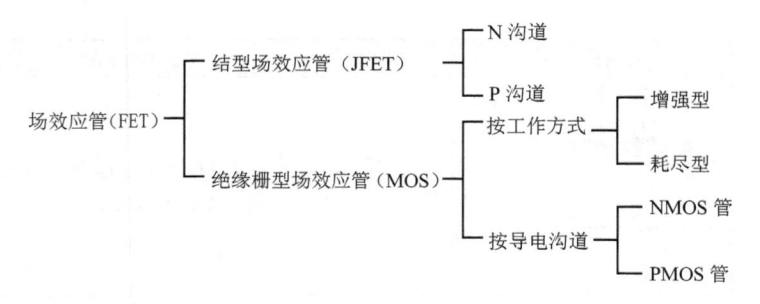

```
场效应管(FET) ┬ 结型场效应管（JFET）┬ N沟道
              │                    └ P沟道
              └ 绝缘栅型场效应管（MOS）┬ 按工作方式 ┬ 增强型
                                    │          └ 耗尽型
                                    └ 按导电沟道 ┬ NMOS 管
                                               └ PMOS 管
```

图 5-4-2　场效应管分类图

表 5-4-2　场效应管的结构与图形符号

类型	导电方式	结构示意图	电路图形符号	原理电路图	示例实物图
结型场效应管	N 沟道耗尽型	(结构图：D漏极、G栅极、P/N沟道/P、PN结、S源极)	(符号图 G-D-S)	(原理电路：D、G、S、R_D、U_GS、U_DD)	(实物图)
	P 沟道耗尽型	(结构图：D漏极、N/P沟道/N、S源极)	(符号图 G-D-S)	电源极性及电流流向与 N 沟道相反	
绝缘栅型效应管	N 沟道增强型	(结构图：S、G、D、金属、SiO₂绝缘体、N⁺、P型衬底、半导体、衬)	(符号图 G-D-S，衬)	(原理电路：U_DD、R_D、U_GS、I_D、N⁺、P型衬底、衬)	(实物图)
	N 沟道耗尽型	(结构图：S、G、D、正离子、N⁺、P型衬底、衬)	(符号图 G-D-S，衬)	(原理电路：P型衬底、衬、耗尽层(反型层))	

续表

类 型	导电方式	结构示意图	电路图形符号	原理电路图	示例实物图
绝缘栅型效应管	P沟道增强型			电源极性及电流流向与N沟道增强型MOS管相反	
	P沟道耗尽型			电源极性及电流流向与N沟道耗尽型MOS管相反	

三、场效应管与三极管的比较

场效应管与普通三极管的性能比较，如表5-4-3所示。

表5-4-3 场效应管与三极管

项 目	控制方式	极型特点	类 型	输入电阻	放大参数	噪声	热稳定性	抗辐射	制造工艺
普通三极管	电流控制	双极型器件	PNP型、NPN型	$10^2\Omega \sim 10^4\Omega$	$\beta=50\sim 200$	较大	差	差	复杂
场效应管	电压控制	单极型器件	主要为N、P沟道	$10^7\Omega \sim 10^{15}\Omega$	$g_m=1000\sim 5000\mu S$（g_m为跨导）	较小	好	强	简单

四、场效应管的检测

1. 结型耗尽型场效应管的检测

用万用表检测结型耗尽型场效应管，如表5-4-4所示。

表5-4-4 结型耗尽型场效应管的检测

项 目	判定管脚	判定N、P沟道类型	比较放大能力
操作说明	万用表置R×1kΩ挡，反复测试场效应管的三个电极，当测得其中两个电极的正反向电阻一致时，则这两个电极是D和S极，另一极为G极。D极和S极原则上可以互换使用，不必区分	万用表置R×1kΩ挡，黑表笔接G极，红表笔分别触碰另两极，若测得电阻都小，则该管为N沟道场效应管；若测得电阻都很大，则为P沟道场效应管	万用表置R×100Ω挡，红表笔接S极，黑表笔接D极，万用表指示出D、S极间的电阻值。当用手捏住场效应管的栅极时，人体的感应电压便加到栅极上，万用表的指针便会发生摆动。指针摆动的幅度越大，则放大能力越强；否则相反；若指针不摆动，说明场效应管已损坏
操作图示			

2. 增强型绝缘栅型场效应管的检测

用万用表检测增强型绝缘栅型场效应管，如表 5-4-5 所示。

表 5-4-5　增强型绝缘栅型场效应管的检测

项　目	操作说明	操作图示
判定 G 极	因绝缘栅型效应管的 G 极与 S 极和 D 极之间彼此绝缘，输入电阻极高，可达 $1\times10^{12}\Omega$ 以上。 据此将万用表置 R×1kΩ 挡，测试场效应管的三个电极，若测得某极的测量结果为 ∞，那么黑表笔接的即为 G 极	
检测导电沟通	（1）将场效应管的三个引脚短接一下，释放掉 G 极有可能感应到的电荷。 （2）万用表置 R×1kΩ 挡，测量除 G 极外的两个电极间的电阻值，此时的万用表指针不动，电阻值为 ∞	
判定 S、D 极	（1）一般 MOS 管的衬底在壳内与 S 极相连，同时与金属外壳相通，据此可以确认 S 极。 （2）某些绝缘栅场效应管的内部，在生产时已在 S 极与 D 极之间接有一个保护二极管，据此也容易判断 S、D 极	
判断好坏	（1）万用表置 R×10kΩ 挡，黑表笔接 G 极，红表笔接 S 极，同时碰触一次开通导电沟道（此时的栅极不要与任何导体接触）后，撤出表笔。 （2）万用表置 R×1kΩ 挡，黑表笔接 D 极，红表笔接 S 极，此时测量的电阻值接近零，说明导电沟道已经导通。 （3）红、黑表笔对调后再测，万用表指针还是指在零附近。 （4）将场效应管的三个引脚短接一下，再测 D 极与 G 极之间的电阻又变成 ∞，则说明场效应管是好的	

五、绝缘栅型场效应管的保护

对于绝缘栅型场效应管（MOS 管），因为栅极处于绝缘状态，其上的感应电荷很不容易放掉，当积累到一定程度时会产生很高的电压，容易将内部的绝缘层击穿，所以在使用时应注意做好保护措施，如表 5-4-6 所示。

表 5-4-6　MOS 管的保护

项　目	简　介
运输和存储	运输和储藏中必须将引出脚短路或用防静电屏蔽袋包装

续表

项 目	简 介
电路保护	在 MOS 电路输入端添加保护，如在 G、S 极间接一反向二极管或一大电阻器，使累积电荷不致过多；或者接一个稳压管，使极间电压不致超过击穿值
操作人员	不能穿尼龙、化纤一类易产生静电的衣服上岗，应穿防静电服装和带防静电手腕带等
操作注意	（1）焊接用的电烙铁外壳要接地，或者利用烙铁断电后的余热焊接。 （2）装拆 MOS 管时，应先将各极短路，要避免栅极悬空。 （3）应先焊源极、栅极，后焊漏极
工作环境	工具、仪表、工作台等均应良好接地，能防静电

第三部分　课后练习

5-4-1．找来结型场效应管、MOS 管，用万用表对其进行检测，并将操作过程及结论填入表 5-4-7 中。

表 5-4-7　用万用表检测场效应管

项 目	操作过程及结论	
	结 型 管	MOS 管
判定 G 极		
检测导电沟通		
判断好坏		

第五节　晶体闸流管

晶体闸流管简称晶闸管，又叫可控硅整流器俗称可控硅。是一种可控开关型半导体器件，能在弱电流的作用下可靠地控制大电流的流通。在电路中用文字符号"V"、"VT"表示（旧标准中用"SCR"表示）。晶闸管具有体积小、重量轻、功耗低、效率高、寿命长及使用方便等优点，广泛应用于可控整流、交流调压、无触点电子开关、逆变及变频等电子电路中。

第一部分　实例示范

图 5-5-1 所示为几个不同的晶闸管，查出它们的名称，并将结果填入表 5-5-1 中。

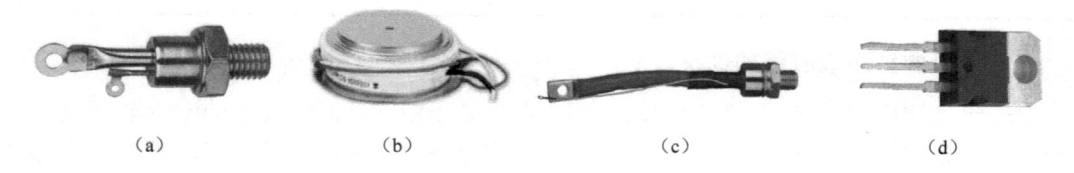

（a）　　　　（b）　　　　（c）　　　　（d）

图 5-5-1　晶闸管图

表 5-5-1　晶闸管的名称

序 号	a	b	c	d
名 称	螺栓式快速晶闸管	平板式快速晶闸管	螺旋式普通晶闸管	塑封小功率晶闸管

第二部分 基本知识

一、晶闸管的分类

晶闸管有多个种类，分类如表 5-5-2 所示。

表 5-5-2 晶闸管的分类

分类依据	名称	分类依据	名称及说明	
按关断、导通及控制方式分	普通晶闸管	按电流容量分	小功率晶闸管	电流 5A 以下，塑封或陶瓷封装
	双向晶闸管		中功率晶闸管	塑封或陶瓷封装
	逆导晶闸管		大功率晶闸管	电流大于 50A，金属壳封装
	门极关断晶闸管	按封装形式分	金属封装晶闸管	螺栓型
	GTO 晶闸管			平板型
	BTG 晶闸管			圆壳型
	温控晶闸管		塑封晶闸管	带散热器型
	光控晶闸管			不带散热器型
按引脚和极性分	二极晶闸管		陶瓷封装晶闸管	
	三极晶闸管	按关断速度分类	普通晶闸管	
	四极晶闸管		高频晶闸管	
			快速晶闸管	

二、单向晶闸管

单向晶闸管简介，如表 5-5-3 所示。

表 5-5-3 单向晶闸管

项目	内容
简介	单向晶闸管内有相互交叠的四层 P 区和 N 区，共三个 PN 结，构成四层三端半导体器件。它有三个电极，称为阳极、阴极和控制极，分别用文字符号 A、K 和 G 表示
构成	结构示意图　　　等效电路图　　　电路图形符号
示例实物图	大功率晶闸管　　　塑封中功率晶闸管　　　塑封小功率晶闸管

续表

项 目	内 容
几种工作状态	无触发信号，不导通 ／ 触发导通 ／ 触发后维持导通 ／ 负极性触发，不导通 ／ 电源反接，不导通 ／ 电源反接，负极性触发，不导通 单向晶闸管具有不同于一般三极管构成的开关控制电路的触发控制特性
主要参数	（1）额定正向平均电流：在规定的环境温度和散热条件下，允许通过阳极和阴极之间的电流平均值。 （2）维持电流：在规定的环境温度、控制极断开的条件下，保持晶闸管处于导通状态所需的最小正向电流。规格不同，数值不同，可由几毫安到几十毫安。 （3）控制触发电压和电流：在规定的环境温度及一定的正向电压条件下，使晶闸管从关断到导通，控制极所需的最小电压和电流。小功率晶闸管约 1V 左右，触发电流从零点几到几毫安；中功率以上的晶闸管触发电压为几伏到几十伏，触发电流从几十毫安到几百毫安。 （4）正向阻断峰值电压：在控制极断开，晶闸管加正向电压并截止的状态下，允许加到晶闸管上的正向电压最大值。使用时正向电压若超过此值，即使不加触发电压晶闸管也能从正向阻断转为导通。 （5）反向阻断峰值电压：在控制极断开，晶闸管加反向电压并截止的状态下，允许加到晶闸管上的反向电压最大值。通常正、反向峰值电压是相等的，统称为峰值电压。
检测操作说明	（1）大功率单向晶闸管的外形特征明显，电极能较好地区分。小功率管可以用万用表来进行了检测区分。 （2）万用表置 R×100Ω 或 R×1kΩ 挡，测量晶闸管任意两脚的正、反向电阻。若测得的结果都接近∞，则被测两脚为阳极与阴极，另一脚为控制极。然后用万用表黑表笔接控制极，用红表笔分别触碰另外两个电极，电阻小的一极为阴极，电阻大的为阳极。 （3）在控制极与阴极之间测得正向阻值应为几千欧。若阻值很小说明击穿；若阻值过大则为断路；测得反向电阻应为∞，若阻值很小或为零，说明击穿。在控制极与阴极之间测得的阻值应为∞，若阻值较小，说明内部击穿或短路。在阳极与阴极之间测得正、反向阻值均应为∞，否则说明内部击穿或短路。 （4）万用表置 R×1Ω 挡，黑表笔接阳极 A，红表笔接阴极 K，指针指示阻值应很大。再用金属物将控制极 G 与阳极 A 短接后即断开，指针应有大幅度偏转。否则说明晶闸管已损坏
检测操作图示	测控制极 G、阴极 K 间正、反向电阻 测阳极 A、控制极 G 间正、反向电阻 ／ 测导通特性

三、双向晶闸管

双向晶闸管简介，如表 5-5-4 所示。

表 5-5-4 双向晶闸管

项目	内容
简介	双向晶闸管是 NPNPN 五层器件，可等效为两个单向晶闸管反向并联，其中两个控制极合并成一个控制极 G，另两个电极统称为主端子，用文字符号 T_1、T_2 表示。双向晶闸管有与单向晶闸管不一样的触发控制特性，即无论在 T_1、T_2 之间接入何种极性的电压，只要在它的控制极上加上一个触发脉冲，也不管这个脉冲是什么极性，都可以使双向晶闸管导通。因此双向晶闸管的正、反特性具有对称性，是一种理想的交流开关器件
构成	结构示意图　等效电路图　电路图形符号　示例实物图
极性组合方式	
检测操作说明	（1）万用表置 R×1Ω 挡，测量双向晶闸管任意两脚之间的正、反向电阻，如果测出某脚和其他两脚之间电阻均很大，则该脚为 T_2 极。 （2）假定剩下两脚中某一脚为 T_1 极，另一脚为 G 极。将黑表笔接 T_1 极，红表笔接 T_2 极，电阻应为 ∞，将 T_2、G 瞬时短接一下（给 G 极加上负触发信号），若万用表指针动作为一固定值，证明管子已经导通，导通方向为 T_1→T_2，上述假定正确；如指针无动作，说明假设错误。改变两表笔连接方式，重复上述过程。 （3）在判定了三个电极的前提下，将红表笔接 T_1 极，黑表笔接 T_2 极，然后将 T_2 极与 G 极瞬间短接一下（给 G 极加上正触发信号），万用表指针动作为一固定值，证明管子再次导通，导通方向为 T_2→T_1，即该管具有双向导通性。在取消短接后，电阻值仍不变，说明晶闸管在触发之后能维持导通状态
检测操作图示	判定 T_2 极　　　判定 T_1 极与 G 极

第三部分　课后练习

5-5-1．用万用表检测晶闸管，并将操作过程及结论填入表 5-5-5 中。

表 5-5-5　用万用表检测晶闸管

项　目	操作过程及结论	
	单　向　管	双　向　管
判定电极		
检测导电性能		

第六节　光敏器件

光敏器件就是能将光信号（或光能）转变为电信号（或电能）的器件。光敏器件种类繁多，如光敏电阻器、光敏二极管、光敏三极管、光电耦合器等。光敏器件广泛应用于可见光、近红外光接收及光电转换的自动控制仪器、触发器、报警器、光电玩具等电路中。

第一部分　实例示范

图 5-6-1 所示为几个不同的光敏器件，查出它们的名称，并将结果填入表 5-6-1 中。

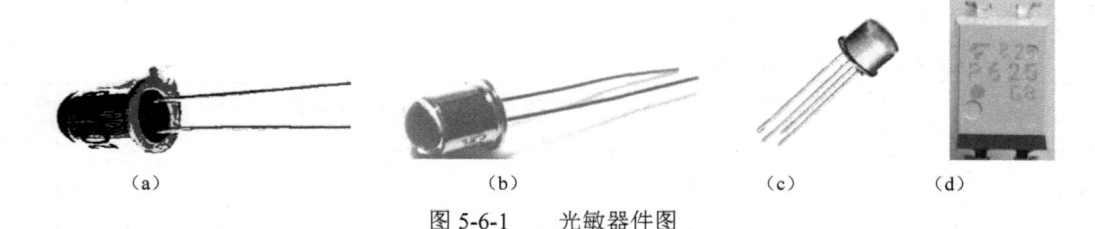

（a）　　　　　　　　（b）　　　　　　　　（c）　　　　　　　　（d）

图 5-6-1　光敏器件图

表 5-6-1　光敏器件的名称

序　号	a	b	c	d
名　称	光敏二极管	光敏三极管	光电耦合器	光电耦合器

第二部分　基本知识

一、光敏二极管

（一）光敏二极管简介

光敏二极管简介，如表 5-6-2 所示。

表 5-6-2　光敏二极管

项　目	内　容
简介	光敏二极管又称光电二极管，与普通二极管在结构上相似，也具单向导电性。光敏二极管工作时加上反向电压，在无光照时，电路中有极其微弱的反向饱和漏电流（称暗电流），一般为 1×10^{-8}A～1×10^{-9}A，此时相当于光敏二极管截止；当有光照时，二极管反向电流迅速增大到几十微安（称光电流），且随入射光强度的变化而相应变化。在入射光强一定时，其反向电流为常量，与反向电压的大小基本无关。光敏二极管能很好地完成光电功能的转换

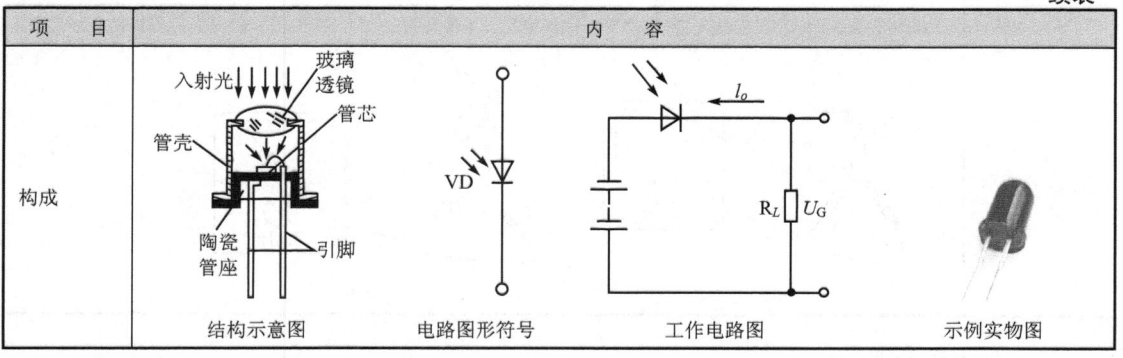

续表

项目	内容
构成	结构示意图　　电路图形符号　　工作电路图　　示例实物图

（二）光敏二极管的应用

光敏二极管的应用，如表 5-6-3 所示。

表 5-6-3　光敏二极管的应用

名　称	特点与应用	示例实物图
2CU 型硅光敏二极管	全密封外壳封装，顶端有透镜或平板玻璃窗口。 主要用于光的接收及光电转换的自动控制仪、触发器、光电耦合、编码器、译码器、特性识别电路、过程控制电路、激光接收电路及光纤通信的光信号接收等	
红外接收头	由光敏管、放大器和带通滤波器集中封装而成	

二、光敏三极管

光敏三极管简介，如表 5-6-4 所示。

表 5-6-4　光敏三极管

项目	内容
简介	光敏三极管在结构上与普通三极管相似，通常只有两个电极（也有三个的）。具有 NPN 或 PNP 结构的芯片被装在带有玻璃透镜的金属管壳内，光线通过透镜集中照射在芯片上。 将光敏三极管的集电极接高电位，发射极接低电位。在无光照时，流过光敏三极管集电极与发射极之间的穿透电流 I_{CEO} 即为暗电流；当有光照射在基区时，集电结反向饱和电流就大大增加，再经过三极管放大，就生成了光敏三极管的光电流。所以，光敏三极管比光敏二极管具有更高的灵敏度。 适用于近红外光探测器、光耦合器、编码器、特性识别电路、过程控制电路及激光接收电路等
构成	结构示意图　　电路图形符号　　工作电路图　　示例实物图
检测操作说明	（1）用遮光物体将光敏三极管窗口遮住，由于无光照，光敏三极管没有电流，其阻值应接近∞。 （2）移去遮光物体，将光源正对光敏三极管窗口，这时指针应有偏转，偏转的大小反映其灵敏度。 （3）光敏三极管的基极脚不接线，可以剪去

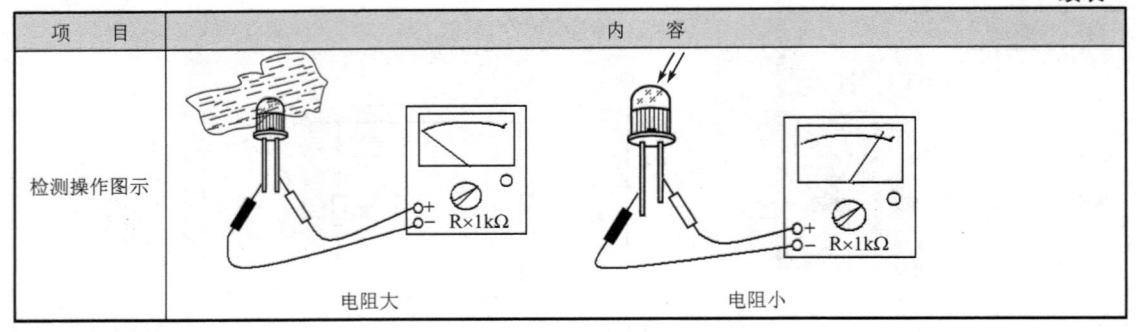

项 目	内 容
检测操作图示	电阻大（R×1kΩ） 电阻小（R×1kΩ）

三、光电耦合器

（一）光电耦合器简介

光电耦合器简介，如表 5-6-5 所示。

表 5-6-5 光电耦合器

项 目	内 容
结构特点	将发光器件和光接收器件组装在同一密闭的壳体内，利用发光器件的管脚作输入端，光接收器件的管脚作输出端，即构成了电—光—电转换的光电耦合器，又称为光电隔离器。 当输入端加有电信号时，发光器件就发光。光接收器件受到光照刺激就产生相应的光电流从输出端输出。光电耦合器的输入、输出电路在电气上是相互隔离，彼此绝缘的，这是一种中间通过光传输信号的新型电子器件。 一般有管形、双列直插式和光导纤维连接三种封装形式
性能特点	（1）输入和输出端之间的绝缘电阻一般都大于 $10^{10}\Omega$，耐压一般可超过 1kV，有的甚至可以达到 10kV 以上； （2）可以很好地抑制系统噪声，消除接地回路的干扰； （3）响应速度快，时间常数通常在微秒甚至毫微秒极； （4）无触点、寿命长、体积小、耐冲击； （5）广泛应用于电气隔离、电平转换、门电路、固态继电器、仪器仪表和微型计算机接口电路
原理图	输入电子信号 → LED → 光学信号 → LED → 输出电子信号
耦合类型	二极管型　　二极管对三极管型　　达林顿型　　光敏场效应管型
示例实物图	晶体管输出　　达林顿输出　　晶闸管输出　　片式

（二）光电耦合器的检测

光电耦合器的检测，如表 5-6-6 所示。

表 5-6-6　光电耦合器的检测（以二极管对三极管型为例）

项　目	操作说明	操作图示
输入端	万用表置 R×1kΩ 挡，分别测量输入端的正、反向电阻，其正向电阻约为几百至几千欧，反向电阻约为几十千欧	
输出端	悬空输入端，测量输出端（光敏三极管的 c、e 极）的正、反向电阻，均应为 ∞	
绝缘电阻	万用表置 R×10kΩ 挡，测量输入端与输出端之间任意两个引脚间的电阻，均应为 ∞	
传输性能	两只万用表均置 R×100Ω 挡，接输入端的万用表指针向右偏转则说明发光管正常；同时，接输出端的万用表指针也向右偏转则说明光敏三极管有输出，工作正常	

第三部分　课后练习

5-6-1．用万用表检测光电耦合器，并将操作过程及结论填入表 5-6-7 中。

表 5-6-7　用万用表检测光电耦合器

项　目	操作过程及结论
输入端	
输出端	
传输性能	
绝缘电阻	

第六章　集成电路

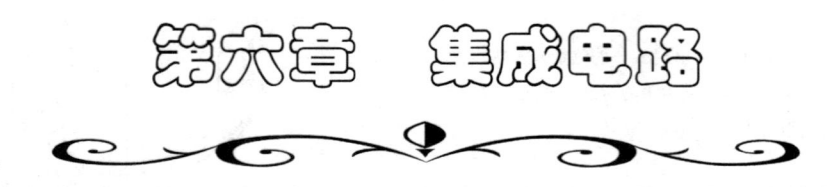

集成电路是将晶体管、电阻等必要的元件和互连布线，通过一定的工艺集中制造在半导体基片上，形成具有某种功能的电路器件，英文缩写为 IC。具有体积小、耗电少、寿命长、可靠性高、功能全等特性，远优于分立元件电路，广泛应用于现代通信、计算机技术、医疗卫生、环境工程、能源、交通、自动化生产等领域，对促进国民经济的发展起着非常重要的作用。

集成电路按结构形式和制造工艺的不同，分有半导体集成电路、膜集成电路及混合集成电路等。其中发展最快、品种最多、产量最大、应用最广的是半导体集成电路，其种类如表 6-1-1 所示。

表 6-1-1　半导体集成电路的种类

种类	系列		名称及应用
功能类	模拟集成电路	线性电路	直流运算放大器、通用运算放大器、高频放大器、宽频带放大器等
		非线性电路	电压比较器、晶闸管触发器等
	数字集成电路	门电路	与门、或门、非门、与非门、或非门、与或非门、异或门
		触发器	R-S 触发器、J-K 触发器、D 触发器、锁定触发器等
		存储器	随机存储器（RAM）、只读存储器（ROM）、移位寄存器等
		功能部件	译码器、数据选择器、磁芯驱动器、半加器、全加器、奇偶校验器
		微处理器	
器件类	MOS 型（单极型）		PMOS：P 沟道增强型绝缘栅场效应管集成电路。 NMOS：N 沟道增强型绝缘栅场效应管集成电路。 CMOS：互补对称型绝缘栅场效应管集成电路
	BiMOS 型		BiPMOS：双极与 PMOS 兼容集成电路。BiNMOS：双极与 NMOS 兼容集成电路。 BiCMOS：双极与 CMOS 兼容集成电路
	双极型		DTL：二极管-晶体管逻辑电路。TTL：晶体管—晶体管逻辑电路。 HTL：高抗干扰逻辑电路。ECL：发射极耦合逻辑电路。 I^2L：集成注入逻辑电路
集成度类	小规模（SSI）		$1\sim10$ 个等效门/片，$10\sim10^2$ 个元件/片
	中规模（MSI）		$10\sim10^2$ 个等效门/片，$10^2\sim10^3$ 个元件/片
	大规模（LSI）		大于 10^2 个等效门/片，元件数在 10^3 以上/片
	超大规模（VLSI）		元件数超过 10^5 个以上，（ECL 超过两万以上）/片
	特大规模（ULSI）		元件数超过 10^7 以上/片

常用的集成电路有金属壳圆形封装、单列直插式封装、扁平型封装与双列直插式封装，它们的引脚排列编号示例如图 6-1-1 所示。

第六章 集成电路

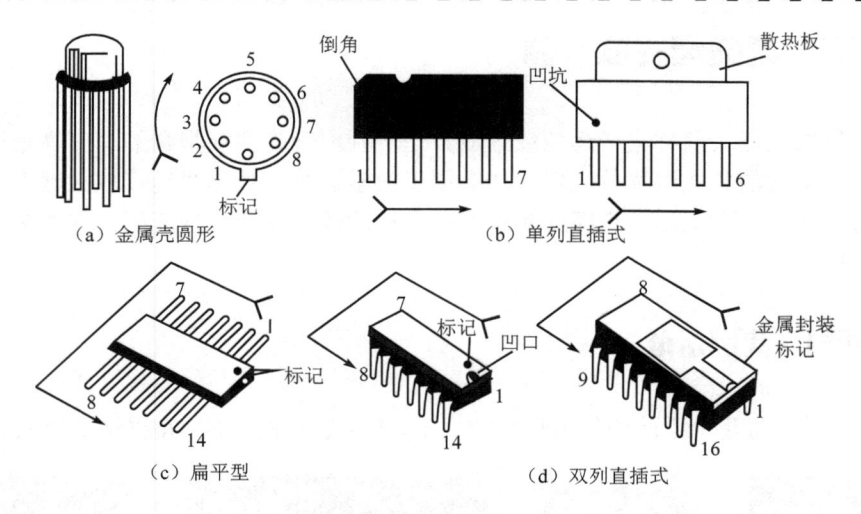

图 6-1-1 集成电路封装外形及引脚排列编号示例图

我国集成电路的型号由五个部分组成，各部分符号及意义如表 6-1-2 所示，示例如图 6-1-2 所示。

表 6-1-2 国产集成电路各组成部分的意义

第零部分		第一部分		第二部分	第三部分		第四部分	
用字母表示器件符合国家标准		用字母表示器件的类型		用阿拉伯数字和字母表示器件系列品种	用字母表示器件的工作温度范围		用字母表示器件的封装	
符号	意义	符号	意义		符号	意义	符号	意义
C	中国制造	T	TTL 电路		C	0℃～70℃	F	多层陶瓷扁平
		H	HTL 电路		G	−25℃～70℃	B	塑料扁平
		E	ECL 电路		L	−25℃～85℃	H	黑瓷扁平
		C	CMOS 电路		E	−40℃～85℃	D	多层陶瓷双列
		M	存储器		R	−55℃～85℃	J	直插
		μ	微型机电路		M	−55℃～125℃	P	黑瓷双列直插
		F	线性放大器				S	塑料双列直插
		W	稳压器				T	塑料单列直插
		B	非线性电路				K	金属圆壳
		J	接口电路				C	金属菱形
		AD	A/D 转换器				E	陶瓷芯片载体
		DA	D/A 转换器				G	塑料芯片载体
		D	音响电视电路					网格陈列
		SC	通信专用电路					
		SS	敏感电路					
		SW	钟表电路					

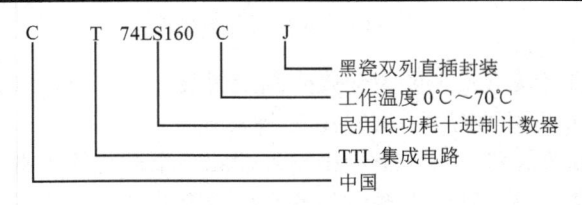

```
C  T  74LS160  C  J
│  │     │    │  └─ 黑瓷双列直插封装
│  │     │    └──── 工作温度 0℃～70℃
│  │     └───────── 民用低功耗十进制计数器
│  └─────────────── TTL 集成电路
└────────────────── 中国
```

图 6-1-2 国产集成电路型号示例图

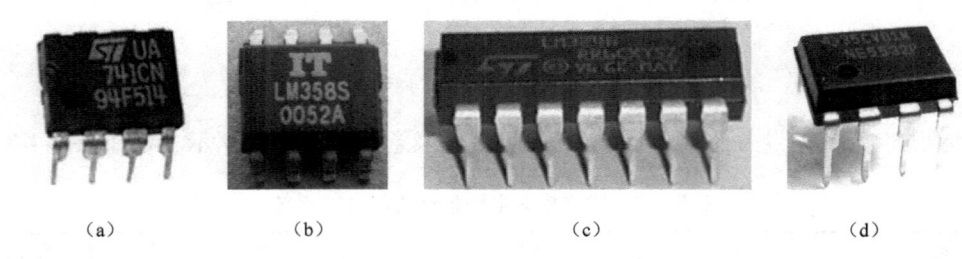

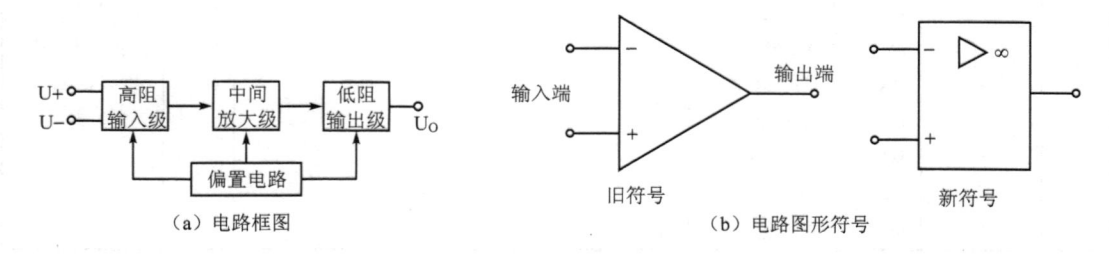

第一节 集成运算放大器

集成运算放大器（简称集成运放或运放）是一种内部为直接耦合的具有高电压放大倍数的集成电路,早期的集成运算放大器主要应用于数学运算,故称"运算放大器"。时至今日,其应用已远远超出数学范围,它能够实现多种多样的线性和非线性应用,并成为一种通用性很强的基本单元。

第一部分 实例示范

图 6-1-3 所示为几个不同的集成运算放大器,查出它们的功能,并将结果填入表 6-1-3 中。

图 6-1-3 集成运算放大器图

表 6-1-3 集成运算放大器的功能

序号	a	b	c	d
功能	Ⅱ型单运放	单电源双运放	单电源四运放	双运放

第二部分 基本知识

一、集成运算放大器

集成运算放大器是由输入级、中间级、输出级和偏置电路组成的,如图 6-1-4（a）所示;电路图形符号如图 6-1-4（b）所示,其中"−"和"+"分别表示反相输入端和同相输入端。

图 6-1-4 集成运算放大器

集成运算放大器的封装形式主要为金属壳圆形封装与双列直插式封装,前者的引脚有 8、10、12 三种形式;后者的引脚有 8、14、16 三种形式。

多端器件集成运算放大器,有一个反相输入端和一个同相输入端;一个输出端;两个连接电源的出线端,以供集成运算放大器内部各元件所需的功率和传送给负载的功率;以及调零和相位补偿端等。

随着电子产品制造工艺的发展，集成运算放大器的种类不断增多，按其外部性能指标通常有以下几类，如表 6-1-4 所示。

表 6-1-4　集成运算放大器的种类

类　型	通用型	低功耗型	高精度型	高阻型
主要特点	又分为Ⅰ型、Ⅱ型和Ⅲ型，其中Ⅰ型属低增益，Ⅱ型属中增益，Ⅲ型为高增益。适合于一般性使用	工作时电流非常小，电源电压也很低，整个器件的功耗仅为几十微瓦。多用于便携式电子产品中	失调电压小（几微伏），温度漂移小（1μV/℃），增益、共模抑制比高	输入阻抗十分大，输入电流非常小
示例	CF741（单运放）、LM358（双运放）、LM324（四运放）	CF253、CF7611/7621/7631/7641 等	如 CF725、CF7600/7601 等	LF356、LF355、LF347（四运放）及 CA3100 等
示例引脚图	(LM318、单运放)	(LM158、双运放)	(LF347、四运放)	
示例实物图				

另外还有单位增益带宽可达千兆赫以上的宽带型集成运算放大器、供电电压可达数十伏的高压型集成运算放大器等。使用时须查阅相关资料，详细了解它们的各种参数，作为使用和选择的依据。

二、集成运算放大器的检测

检测集成运算放大器可采用电压法、电阻法及信号检查法，如表 6-1-5 所示。

表 6-1-5　运算放大器的检测

方　法	说　明
电压检测法	在通电的状态下测量各引脚对接地脚的电压，然后与正确值进行比较。在路电压的标准数据有两种，若图纸上只给出一种，常为无输入信号时测得的电压值；若图纸上给出两个电压数据，则括号内的为有输入信号时测得的电压值
电阻检测法	在不带电的状态下，万用表置 R×1k 挡，测各引脚对地的电阻值，看与正常的集成电路阻值是否一致，或变化规律是否相同，如果差不多则可判定被测集成电路是好的
信号检测法	使用信号源及示波器检查输入及输出信号是否符合放大特性的要求

第三部分　课后练习

6-1-1．找一些集成运算放大器，查出它们型号的意义填入表 6-1-6 中。

表 6-1-6　集成运算放大器各组成部分的意义

第零部分		第一部分		第二部分	第三部分		第四部分	
符　号	意　义	符　号	意　义		符　号	意　义	符　号	意　义

第二节　数字集成电路

用数字信号完成对数字量进行算术和逻辑运算的电路称为数字电路或数字系统，又称数字逻辑电路。数字集成电路具有稳定性高、处理精度不受限制、有逻辑演算及判断功能、对数字信息可进行长期储存等优点，广泛应用于通信、计算机、自动控制、航天等领域。

第一部分　实例示范

图 6-2-1 所示为几个不同的数字集成电路，查出它们的功能，并将结果填入表 6-2-1 中。

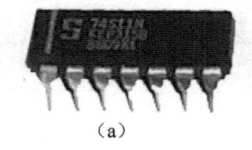

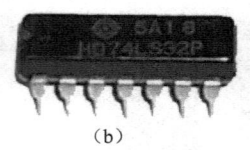

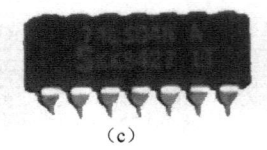

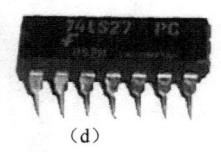

图 6-2-1　数字集成电路图

表 6-2-1　数字集成电路的功能

序　号	a	b	c	d
功能	三 3 输入与门	四 2 输入或门	六反相器	三 3 输入或非门

第二部分　基本知识

一、常用数字集成电路的种类

数字集成电路的产品种类很多，包括各种门电路、触发器、计数器、编译码器、存储器等数百种器件。就电路结构而言有双极型电路和单极型电路两种，双极型电路中的代表是 TTL 电路；单极型电路中是 CMOS 电路，其基本分类如表 6-2-2 所示。CMOS 电路与 TTL 电路相比，有工作电压范围宽、静态功耗低、抗干扰能力强、输入阻抗高、成本低等优点，因而应用更为广泛。

表 6-2-2　数字集成电路基本分类

系　列	子系列	名　称	型　号	功　耗	工作电压（V）
TTL 系列	TTL	普通系列	74 / 54	10mW	74 系列 4.75～5.25
	LSTTL	低功耗 TTL	74 / 54LS	2mW	

续表

系　列	子系列	名　称	型　号	功　耗	工作电压（V）
MOS 系列	CMOS	互补场效应管型	40/45	1.25μW	3～18
	HCMOS	高速 CMOS	74HC	2.5μW	2～6
	ACTMOS	与 TTL 电平兼容型	74ACT	2.5μW	4.5～5.5

注：74 代表民用产品、54 代表军用产品、40/45 代表高速 CMOS

二、常用门电路图形符号

常用门电路图形符号如表 6-2-3 所示。

表 6-2-3　常用门电路图形符号

名　称		与　门	或　门	非　门	与非门	或非门	异或门
电路图形符号	新符号	&	≥1	1	&	≥1	=1
	旧符号	·	+	—	·	+	⊕
	国际流行图形符号						

三、数字集成电路的主要参数

数字集成电路的主要参数，如表 6-2-4 所示。

表 6-2-4　数字集成电路的主要参数

主要参数	符　号	意　义	示例电路	
			TTL 电路	CMOS 电路
输出高电平电压	U_{OH}	电路处于截止状态的输出电平	2.4V	电源高端电压
输出低电平电压	U_{OL}	在输出端接有额定负载时，电路处于饱和状态的输出电平	0.4V	约为零
输入高电平最小电压	U_{IH}	为保证输入为高电平所允许的最小输入电压	2V	电源电压的60%
输入低电平最大电压	U_{IL}	为保证输入为低电平所允许的最高输入电压	0.8V	电源电压的40%
高电平输入电流	I_{IH}	当符合规定的高电平电压送入某一输入端时，流入该输入端的电流	0.04mA	0.1μA
低电平输入电流	I_{IL}	当符合规定的低电平电压送入某一输入端时流入该输入端的电流	1.6mA	0.1mA
高电平输出电流	I_{OH}	输出为高电平时，流出输出端的电流	0.4mA	0.51mA～4mA
低电平输出电流	I_{OL}	输出为低电平时，流入输出端的电流	8mA～16mA	0.51mA～4mA
电源电压	U_{CC}	保证电路正常工作的电压	5V	3V～18V

四、常用数字集成电路举例

常用数字集成电路举例，如表 6-2-5 所示。

表 6-2-5　常用数字集成电路

功　能	三 3 输入与门	四 2 输入或门	六反相器
型　号	74H11、74S11、74LS11	7432、73S32、74LS32	7404、74H04、74S04
示例实物图			
内部电路示意图			

功　能	四 2 输入与非门	双 4 输入与非门	三 3 输入或非门
型　号	7400、74H00	7420、74H20、74S20、74LS20	7427、74LS27
示例实物图			
内部电路示意图			

五、数字集成电路的检测

检测数字集成电路可采用编程器检测、逻辑笔检测、万用表检测等方法，常用的办法是用万用表检测，如表 6-2-6 所示。

表 6-2-6　用万用表检测数字集成电路

项　目	操作说明	操作图示
电源端	万用表置 R×1k 挡，测量电源端的正、反向电阻值，若电阻值小于数百欧，则该器件有可能已经损坏	
输入端	数字集成电路各个输入端的电阻基本相同。万用表置 R×1k 挡，红笔接输入端，黑笔接地端时电阻约为∞，黑笔接输入端，红笔接地端时电阻约为数千欧左右。若出现某个引脚电阻与其他引脚电阻相差过大则说明该引脚有故障	

项 目	操作说明	操作图示
输出端	万用表置 R×1k 挡，测量正向电阻值，TTL 电路的电阻约为数十千欧左右，CMOS 电路的电阻约为∞；测量反向电阻值都在数千欧左右。若出现某个引脚电阻与其他引脚电阻相差过大，则说明该引脚有故障	

利用万用表检测数字集成电路时，还可采用对比的办法来进行。因为数字集成电路各个输入端和输出端的内部电路基本相同，所以各个输入端的电阻和输出端的电阻也基本相同。若测得某输入端或输出端电阻与其他同类端电阻相差过大则说明该端可能存在故障；或检测某一同型号良好器件的内阻，与本器件内阻进行比较，若差别达 20%以上则可判定该器件有故障。

六、数字集成电路使用注意事项

1．不允许在超过极限参数的条件下工作。TTL 集成电路的电源电压允许变化范围比较窄，一般在 4.5V～5.5V 之间，因此必须使用+5V 稳压电源；CMOS 集成电路的工作电源电压范围比较宽有选择余地，但要注意到电源电压的高低会影响电路的工作性能。

2．电源的极性千万不能接反，电源正负极颠倒、接错，会因为电流过大造成器件损坏。

3．对于 CMOS 电路，所有不使用的输入端不能悬空，应按工作性能的要求接电源或接地；输出端不允许短路，包括不允许对电源和对地短接，应该悬空处理。

对于 TTL 电路，所有不使用的输入端、输出端最好不要悬空，应根据实际需要作适当处理。

4．由于 CMOS 电路输入阻抗高，容易受静电感应发生击穿，除电路内部设置保护电路外，在使用和存放时应注意静电屏蔽；焊接 CMOS 电路时焊接工具应良好接地，焊接时间不宜过长，焊接温度不能太高；更不要在通电的情况下拔、插、拆卸集成电路。

5．CMOS 电路尚未接通电源时，不允许将输入信号加到电路的输入端，必须在加电源的情况下再接通外信号源，断开时应先关断外信号源。TTL 电路输入信号不得高于 Vcc，也不得低于地电位。

第三部分 课后练习

6-2-1．找来数字集成电路，查出它们的型号及功能填入表 6-2-7 中。

表 6-2-7 数字集成电路

型号名称	功 能	型号名称	功 能

第三节 功能集成电路

集成电路按用途分电视机用集成电路、收音机用集成电路、影碟机用集成电路、录像机用集成电路、计算机用集成电路、电子琴用集成电路、通信用集成电路、照相机用集成电路、遥控用集成电路、语言集成电路、报警器用集成电路及各种专用集成电路，我们将这些具有某种功能的集成电路认为是功能集成电路，以下举几个典型实例予以介绍。

第一部分 实例示范

图 6-3-1 所示为几个不同的功能集成电路，根据它们的用途，将序号填入表 6-3-1 中。

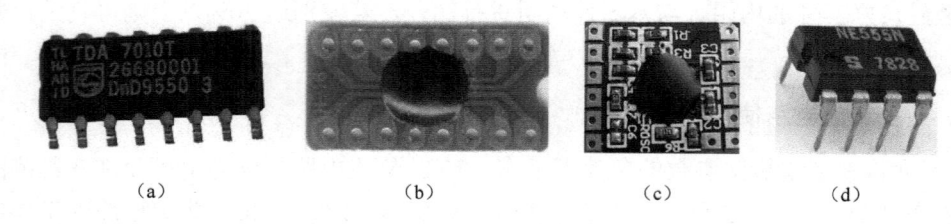

（a） （b） （c） （d）

图 6-3-1 功能集成电路图

表 6-3-1 功能集成电路

序号	d	b	c	a
用途	集成时基电路	八键八音	12秒迷你语音录放模块	接收机芯片

第二部分 基本知识

一、收音机用集成电路

采用集成电路组装的收音机灵敏度高、选择性好、电路工作稳定可靠、声音洪亮且音质悦耳动听，所以现在各类收音机多以集成电路组装而成。其中 ULN2204、ULN3839、TA7641、CXA1019 等单片集成电路是最为常用的型号，这里仅以 ULN2204 为例作简要介绍。

ULN2204、ULN2204A、ULN2204A-21 是美国史普拉公司生产的单片收音机集成电路，后两者是前者的改进型产品，但它们的内电路结构基本相同，可以互换使用。ULN2204 集成电路采取双列 16 脚封装，是一块调幅/调频(AM/FM)收音机集成电路，调幅部分包含高放、混频、本振和中放、检波电路；调频部分包含中放和鉴频电路。集成电路的内部电路构成方框图、引脚功能及有关数据如表 6-3-2 所示。

表 6-3-2 ULN2204 集成电路

引脚	功能	电压（V）		开路电阻（kΩ）		引脚	功能	电压（V）		开路电阻（kΩ）	
		AM	FM	黑表笔接地	红表笔接地			AM	FM	黑表笔接地	红表笔接地
1	中频旁路	1.15	1.4	8.3	8.4	9	音频功放输入	0	0	7.6	∞
2	中频输入	1.15	1.4	230	9.9	10	纹波调节	1.15	1.15	6.5	7.9

续表

引脚	功能	电压（V）		开路电阻（kΩ）		引脚	功能	电压（V）		开路电阻（kΩ）	
		AM	FM	黑表笔接地	红表笔接地			AM	FM	黑表笔接地	红表笔接地
3	地	0	0	0	0	11	地	0	0	0	0
4	调幅混频输出	4.5	4.5	7	∞	12	音频功放输出	2.0	2.0	5.4	11
5	调幅振荡器	4.5	4.5	7.1	22	13	+Vcc	4.5	4.5	5.1	9.1
6	调幅高频输入	1.15	0	250	7.8	14	中频检波输入	4.5	4.5	330	17
7	高频旁路	1.15	0	8.9	7.2	15	AM/FM 中放输出	4.5	4.5	7	17
8	音频检波输出	1.2	1.3	9	7.2	16	AGC 旁路	1.6	1.7	5.9	8.6

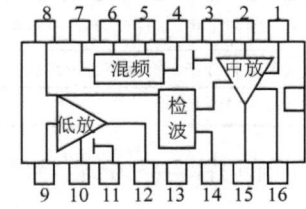

二、音乐集成电路

音乐集成电路是一种乐曲发生器，它可以向外发送固定存储的乐曲，又称音乐 IC。它具有声音悦耳、外接元件少、价格低、功能齐全和使用方便等特点，在家用电器、时钟、工艺品及玩具等方面得到了广泛的应用。

音乐集成电路种类繁多，大致有音乐类、玩具类、语言报警类和报时类等，在控制功能上也各不相同，它们的基本电路和工作原理大多是相同的。基本原理方框图如图 6-3-2 所示；封装形式有塑封单列直插式、塑封双列直插式及黑膏封印制板如图 6-3-3 所示；部分音乐集成电路简介，如表 6-3-3 所示。

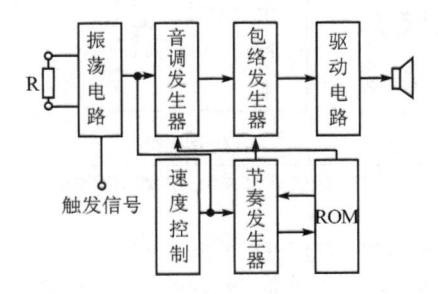

图 6-3-2 音乐集成电路基本原理框图

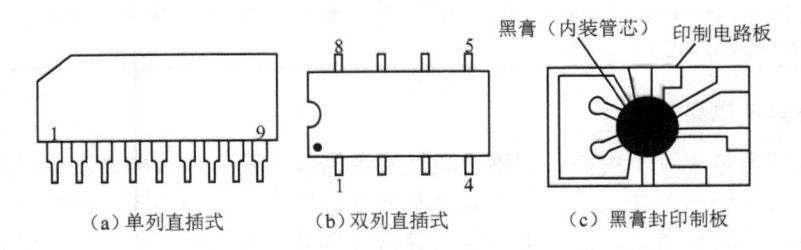

图 6-3-3 音乐集成电路封装形式图

表 6-3-3　部分音乐集成电路

名　称	型　号	功能及应用	示例实物图
您好！欢迎光临	TQ33F	触发一次响"您好！欢迎光临"一声	
您好！欢迎光临	PS91710		
110 警车声	XC3180	加电后不停地响，适用于电话机等防盗报警	
120 救护车声	XC3180	加电后不停地响，适用于电话机等防盗报警	
四声报警	CK9561	警车声、消防车声、救护车声、机枪声	
八音铃/报警	YG-TY	八键八音、有铃音、报警声、枪声等	
八音五闪	732-01	八种枪声＋LED 闪灯	

以音乐集成电路 KD9300 组成音乐门铃电路为例，简介音乐集成电路最基本的接线方式（特殊除外）。如表 6-3-4 所示。

表 6-3-4　音乐门铃电路

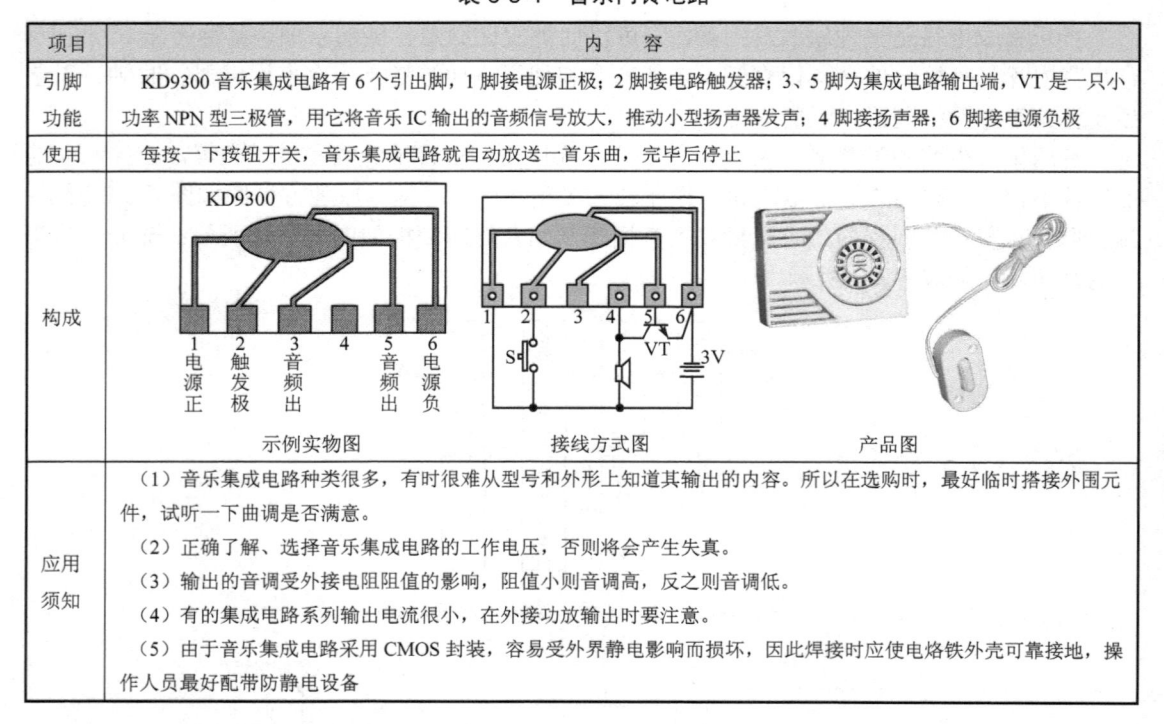

项目	内　　容
引脚功能	KD9300 音乐集成电路有 6 个引出脚，1 脚接电源正极；2 脚接电路触发器；3、5 脚为集成电路输出端，VT 是一只小功率 NPN 型三极管，用它将音乐 IC 输出的音频信号放大，推动小型扬声器发声；4 脚接扬声器；6 脚接电源负极
使用	每按一下按钮开关，音乐集成电路就自动放送一首乐曲，完毕后停止
构成	示例实物图　　　接线方式图　　　产品图
应用须知	（1）音乐集成电路种类很多，有时很难从型号和外形上知道其输出的内容。所以在选购时，最好临时搭接外围元件，试听一下曲调是否满意。 （2）正确了解、选择音乐集成电路的工作电压，否则将会产生失真。 （3）输出的音调受外接电阻阻值的影响，阻值小则音调高，反之则音调低。 （4）有的集成电路系列输出电流很小，在外接功放输出时要注意。 （5）由于音乐集成电路采用 CMOS 封装，容易受外界静电影响而损坏，因此焊接时应使电烙铁外壳可靠接地，操作人员最好配带防静电设备。

三、语音集成电路

电子语音技术是一种不用磁头和磁带就能实现语音录音、放音和语言合成的固体录音技术，它主要有语音处理器和记录信息存储器两部分，其中存储器的类型和容量决定着语音集成电路的录放音时间和质量。语音集成电路有语言合成集成电路、一次性可编程语言集成电路和语音录放集成电路三类，广泛应用于钟表、电话机、仪表、报警电路、计算机以及家用电器等方面。

语音录放模块是一种语音录放集成电路，它能完成声音的录制、回放，并且具有断电保持功能。可直接用话筒和扬声器作为录音与放音元件，有的只用扬声器便可进行录音和放音。电路外围元件很少，不怕掉电，录入的语音信息可长期保存，还可重复录十万次以上。所录内容自动进入备用状态，只要触发电路便可输出，直接驱动扬声器发声。

常用的语音录放模块是 ISD 公司生产的 ISD1408、ISD1410、ISD1412、ISD1416 和 ISD1420 等 1400 系列电路，它们的录放时间分别是 8 秒、10 秒、12 秒、16 秒和 20 秒。ISD4000 系列语音录放模块的录制时间更长，其中 ISD4016 最长可以录制 16 分钟。

以语音录放模块 ISD1820P 为例，简介这类电路的应用，如表 6-3-5 所示。

表 6-3-5　语音录放模块 ISD1820P

项　目	内　容
电路组成	一个最小的录放系统仅由语音录放模块、一个麦克风、一个扬声器、几个按钮、一个电源、少数电阻器、电容器及晶体管所组成
录音操作	按下录音按钮不放，发光二极管会亮起，对着麦克风说话，声音就被录制到芯片中。松开录音按钮或 20 秒录满后自动停止
放音操作	（1）按放音键一下即将全段放音，除非断电或放音结束，否则不停止放音。放音结束后自动进入节电状态。 （2）按住放音键时即放音，松开按键即停止。 （3）置循环放音开关闭合，按动放音键即开始循环放音，只有断电才能停止
喊话操作	直通开关闭合，对麦克风说话会从扬声器里扩音播放出来，构成喊话器功能。在直通模式下，其音质比通常的话筒式放大器要好很多，而且不会出现扬声器过载的情况

四、音频功率放大电路

傻瓜 155/175/275/1100/2100 等音频功率放大电路完全不需要外围元件，把一个完整的功放电路集成到一个厚膜块中。只需接上音源、扬声器，不用调试便可做成高品音质、大功率的音频功率放大器，通上电源即可扩音。集成块内部电路末级功率管一般采用绝缘栅型场效应管，动态频响宽；且内部还有超压、过热保护电路；它的主要参数和封装外形如表 6-3-6 所示。脱离电路测量时，所有引脚对地脚测得的电阻值均不为零，否则说明集成电路损坏。

表 6-3-6　音频功率放大电路

主要参数	傻瓜 155	傻瓜 175	傻瓜 1100	示例实物图
工作直流电压（V）	18~25	25~32	30~38	
保护电压（V）	±28	±35	±40	
额定输出功率（W）	22	35	50	
最大输出功率（W）	55	75	100	
静态电流（mA）	40	40	50	
散热器（cm³）	20×15×0.3			

傻瓜音频功率放大器的散热板与内部电路是隔离的,所以安装散热器时无需另加绝缘片。傻瓜 175 是单声道 75W 功放;275 是双声道 75W 功放。傻瓜 1100 是单声道 100W 功放,2100 是双声道 100W 功放。

五、射频功率模块

射频功率模块简介,如表 6-3-7 所示。

表 6-3-7　射频功率模块

项　目	内　容
简介	M68732H 模块是日本三菱公司生产的超高频功率模块,其工作电压 10.8V,功率控制电压小于 4V,最大输出功率可达 7W,广泛应用于便携式手持对讲机的末级射频功率放大
示例实物图	
引脚功能	1 脚:信号输入端;2 脚:功率控制端;3 脚:电源正极端;4 脚:功率输出端;5 脚:模块公共端
检测说明	万用表置 R×10k 挡,红表笔接散热器,黑表笔接 3 脚,测得电阻值为∞;或万用表置 R×10 挡,电阻值近似为零,都说明模块已损坏
应用举例	450MHz 对讲机

六、555 集成时基电路

(一)电路简介

555 集成时基电路是一种模拟功能和逻辑功能巧妙结合在同一块芯片上的小规模集成电路,八脚封装。开始出现时采用 TTL 型器件制成,主要作定时器用。由于芯片内部使用了三个精度较高的 5kΩ 分压电阻,所以叫做 555 定时器或 555 时基电路。

555 集成时基电路有 TTL 型和 CMOS 型,它们的基本结构基本一致、功能相同,但 CMOS 型器件中的三个高精度分压电阻为 200kΩ。一般 CMOS 型 555 电路命名在 555 前加 "7" 或 "C",例如 5G7555,LMC555。

NE555 是双极性器件的集成电路,内含二个 555 电路的型号为 NE556,十四脚封装。CMOS 工艺的还有 7555 和 7556。NE555 电压使用范围为 4.5V~18V,7555 则为 3V~15V。

555 集成时基电路除了作定时延时控制外,还可以用于调光、调温、调压、调速等多种控制以及计量检测等应用;也可组成脉冲振荡、单稳、双稳和脉冲调制电路,作为交流信号源以及完成电源变换、频率变换、脉冲调制等用途。由于它工作可靠、使用方便、价格低廉,在各种小家电中有着广泛使用。

555 集成时基电路的型号、封装形式及引脚排列如表 6-3-8 所示。

第六章 集成电路

表 6-3-8　555 集成时基电路的型号、封装形式及引脚排列

类别	时基	国内型号	常用国外型号
TTL	单	CB555、FD555、FX555	NE555、CA555、LM555、SE555
TTL	双	CB556、FD556、FX556	NE556、CA556、LM556、SE556
COMS	单	CB7555、5G7555、CH7555	ICM7555、μPD5555
COMS	双	CB7556、5G7556、CH7556	ICM7556、μPD5556
示例实物图及引脚排列		555 集成电路	556 集成电路

（二）电路的引脚功能

无论用何种材料封装，不管是进口或国产的 555 集成时基电路，其内部电路原理和引脚的功能则是完全一致的。其各引脚功能如表 6-3-9 所示。弄清了各引脚的功能，就能很好地正确运用 555 集成时基电路。

表 6-3-9　555 电路引脚功能

类别	引脚	符号	名称	说明
电源	8	Vcc（V_{DD}）	电源正	外接电源正端（TTL：Vcc　CMOS：V_{DD}）
电源	1	GDN（V_{SS}）	电源负	外接电源负端（TTL：GND　CMOS：Vss）
输入端	2	$\overline{TR}$	触发输入端	模拟量输入端，该引脚电位低于 $\frac{1}{3}V_{cc}$ 时，3 脚输出为"1"
输入端	6	TH	阈值输入端	模拟量输入端，当 2 脚电位 > $\frac{1}{3}V_{cc}$ 而本脚电位 > $\frac{2}{3}V_{cc}$ 时，3 脚输出为"0"
输入端	4	$\overline{R}$	复位端	数字量输入端，当本脚输入为"0"时，3 脚输出为"0"
输入端	5	CO	控制电压端	内部分压电路 $\frac{2}{3}V_{cc}$ 点，一般对地接一个 0.01μF 的电容器，以提高电路的抗干扰能力
输出端	3	OUT	输出端	TTL 型输出电流为 200mA
输出端	7	D	放电端	输出逻辑状态与 3 脚相同。输出"1"时为高阻态

（三）电路的检测

用万用表检测 555 集成时基电路的方法，如表 6-3-10 所示。

表 6-3-10　555 电路的检测

项目	静态功耗	输出电流	输出电平
操作说明	万用表置直流电压 50V 挡，测量 Vcc 的值（按厂家测试条件 Vcc=15V），再将万用表置直流电流 50mA 挡串接于电源与 8 脚之间，测得的数值即为静态电流，用静态电流乘以电源电压即为静态功耗。通常静态电流小于 8mA 即为合格	万用表置直流电流 500mA 挡测量，用一只阻值为 100kΩ 的电阻器将 2 脚与 1 脚碰一下，这时万用表测得的是输出电流。用电阻器将 6 脚与 8 脚碰一下，若此时万用表的指示为零，则说明电路能可靠截止	万用表置直流电压 50V 挡，测量 3 脚电压。断开开关 S 时，3 脚输出高电平，万用表测得其值大于 14V；闭合 S 时，3 脚输出低电平 (0V)。即为正常

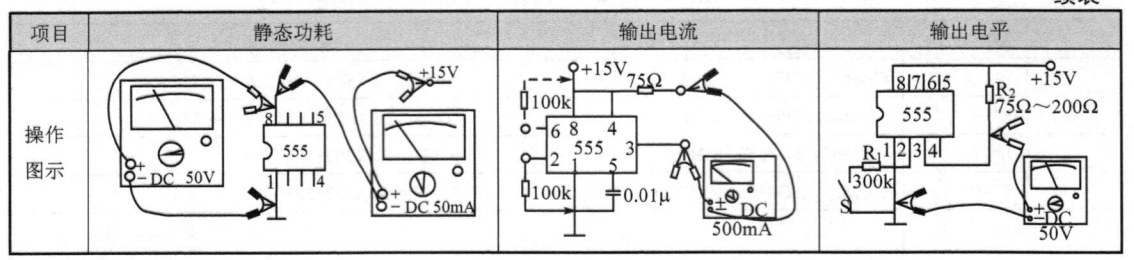

续表

项目	静态功耗	输出电流	输出电平
操作图示			

七、片式集成电路的封装

常用片式集成电路的封装形式，如表 6-3-11 所示。

表 6-3-11　常用片式集成电路的封装

封装形式	SOP	QFP	PLCC	BGA
内容说明	小型封装引脚分布在器件的两边	四列扁平封装，元件四边有脚，元件脚向外张开	塑封有引线芯片载体封装	引脚成球格阵列形式的封装
示例实物图				

第三部分　课后练习

6-3-1．选购某一型号的音乐集成电路或语音录放模块，自己根据资料搭接成你喜欢的电子产品。并完成表 6-3-12 中的内容填写。

表 6-3-12　功能集成电路实践

项　目	音乐集成电路	语音录放模块
型号		
功能		
接线图		
电路效果		

第四节　集成稳压器

在电子仪器设备中，电源部分犹如人体的心脏，一旦发生故障，整个设备就不能正常工作，甚至酿成严重后果。在电子仪器设备中采用较多的电源是集成稳压器，三端集成稳压器是一种具有稳压功能的电压变换集成电路，与分立元件组成的稳压器相比，具有体积小、性能高、工作可靠及使用方便等优点。

集成稳压器已有数百个品种，按电压输出方式可分为固定式和可调式；按管脚的连接方式可分三端式和多端式；按结构形式可分为串联型、并联型和开关型；按电路的工作方式可分为线性集成稳压器和开关集成稳压器；按制造工艺可分为半导体集成稳压器、薄膜混合集成稳压器和厚膜混合集成稳压器。

三端集成稳压器有输入端、输出端和公共端三个引脚，电路图形符号如图 6-4-1 所示。要特别注意，不同型号、不同封装的集成稳压器，它们三个引脚的位置是不同的，要查资料确定，不能接错，否则电路将不能正常工作，甚至损坏集成电路。

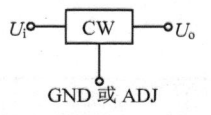

图 6-4-1　三端集成稳压器电路图形符号

第一部分　实例示范

图 6-4-2 所示为几个不同的集成稳压器，查出它们的型号和输出电压，并将结果填入表 6-4-1 中。

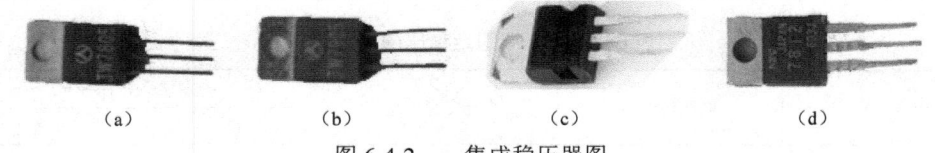

图 6-4-2　集成稳压器图

表 6-4-1　集成稳压器的型号和输出电压

序　号	型　号	输出电压	序　号	型　号	输出电压
a	JW7805	5V	b	JW7905	-5V
c	LM317	1.2V～37V	d	7812	12V

第二部分　基本知识

一、三端固定稳压器

三端固定稳压器按输入、输出的电压极性有正电压输出稳压器和负电压输出稳压器两种，它们具有内部过热保护、输出端电流短路保护和输出半导体管保护等保护功能。以 78 系列和 79 系列为例，典型应用接法如图 6-4-3 所示。

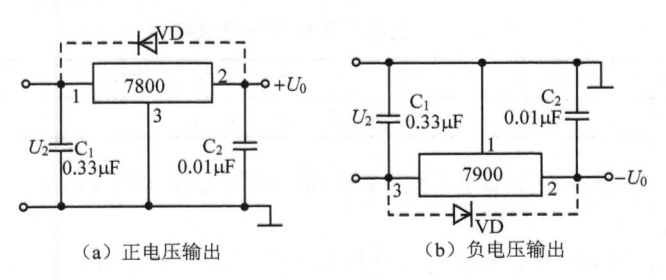

（a）正电压输出　　　　（b）负电压输出

图 6-4-3　三端固定稳压器典型应用接法

图中的 C_1、C_2 主要用来消除可能产生的高频寄生振荡，二极管 VD 是在输入端有短路时保护集成电路不至于烧毁。

（一）常用三端集成稳压器

最常用的三端集成稳压器有 78 系列和 79 系列，78 系列为正电压输出，79 系列为负电压输出。它们的外形、管脚排列与引脚功能示例如表 6-4-2 所示，电压特性如表 6-4-3 所示。

表 6-4-2　三端固定稳压器示例

外　形		T0-39		T0-220		T0-3	
型号系列		78××	79××	78××	79××	78××	79××
引脚功能	1	输入端	接地端	输入端	接地端	输入端	接地端
	2	输出端	输出端	接地端	输入端	输出端	输出端
	3	接地端	输入端	输出端	输出端	接地端	输入端
示例实物图							

表 6-4-3　三端固定稳压器电压特性

输出电压（V）	正电压输出型号	负电压输出型号	输入电压（V）	
			最小值	最大值
5	7805	7905	7	35
6	7806	7906	8	35
9	7809	7909	11	35
12	7812	7912	14	35
15	7815	7915	17	35
18	7818	7918	20	35
24	7824	7924	26	40

78 系列三端集成稳压器有 78××、78H××、78L××、78M××、78N××、78S×× 和 78T×× 七个系列，79 系列三端集成稳压器有 79××、79L××、79M×× 三个系列，其中 "××" 表示其输出电压的大小，如：78L05 为 5V 三端集成稳压器；79M12 为 －12V 三端集成稳压器。两个系列集成稳压器的内部电路结构各自是相同的，只是输出电流与封装形式有所差异。它们的电流等级如表 6-4-4 所示。

表 6-4-4　三端固定稳压器电流等级

系　列	78/79L	78/79M	78N	78/79	78T	78H	78P
电流(A)	0.1	0.5	0.5～1.0	0.1～1.5	3	5	10

在 78/79 系列三端集成稳压器的 78、79 前面，通常还加有英文或汉语拼音字母以代表生产厂家。

国产 78/79 系列三端集成稳压器用文字符号 "CW" 或 "W" 表示，如：CW78L05、W78L05、W79L05、CW79L05、CW78M05、W78M05、W7805、W7905、CW7905、CW7805 等。"C"

是英文 CHINA（中国）的缩写，"W"是稳压器中"稳"字的第一个汉语拼音字母。

进口 78/79 系列三端集成稳压器用文字符号 AN、LM、TA、MC、NJM、RC、KA、UPC 表示，如：TA7806、MC7806、AN7806、UPC7806、LM7906、TA7906 等。其中"AN"代表日本松下公司的产品；"TA"代表日本东芝公司的产品；"LM"是美国国家半导体公司或美国仙童公司、意大利 SGS-亚特斯电子公司的产品；"MC"是美国摩托罗拉公司的产品；"UPC"是日本 NEC 公司的产品；"KA"是韩国三星公司的产品。

不同厂家生产的 78/79 系列三端集成稳压器，只要其输出电压和输出电流等参数相同，都可以相互代换使用。

（二）低压差三端集成稳压器

低压差三端集成稳压器采用降低调整管的饱和压降，使集成稳压器的功率损耗降低的办法，而设计生产的一类产品。它具有压差低，功耗小，引脚排列顺序、引脚功能与 78 系列集成稳压器相同等特点，可用于 78 系列集成稳压器难以胜任的低功耗特殊应用场合。如航空、航海设备的电源电路，以及便携式仪器、仪表等。例如最大输出电流为 1A、外形为 T0-220 的 UPC 系列低压差三端集成稳压器的电压特性，如表 6-4-5 所示。

表 6-4-5 低压差三端集成稳压器电压特性

型号	输出电压（V）	输入电压（V）		型号	输出电压（V）	输入电压（V）	
		最小值	最大值			最小值	最大值
UPC2405	5	6	20	UPC2412	12	13	27
UPC2406	6	7	21	UPC2415	15	16	30
UPC2409	9	10	24	UPC2418	18	19	33

二、三端可调稳压器

三端可调稳压器是在三端固定稳压器的基础上发展起来的，集成块的输入电流几乎全部流到输出端，流到公共端的电流非常小，所以可以用少量的外部元件方便地组成精密可调的稳压电路。三端可调稳压器有三端可调正电压输出稳压器和三端可调负电压输出稳压器，其三个引脚分别是电压输入端、电压调节端和电压输出端。以 LM117 系列为例，典型应用接法如图 6-4-4 所示。它的特点是稳定度高，适应性强，特别适合实验室电源或多种方式的供电系统使用。

三端可调稳压器随品种的不同，同型号引脚所对应的功能不一定相同，使用时务必正确识别后方能接入电路，否则有可能损坏稳压集成电路。

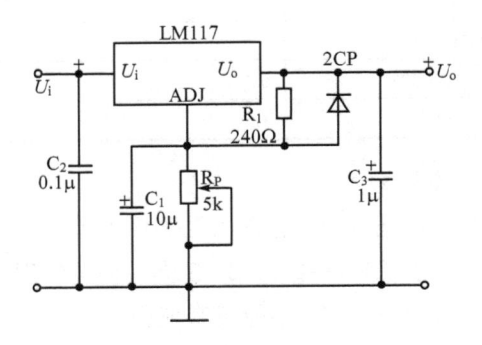

图 6-4-4 三端可调稳压器典型应用接法

（一）常用三端可调集成稳压器

常用的三端可调集成稳压器有正电压输出的 17 系列三端集成稳压器和负电压输出的 37 系列三端集成稳压器。它们的外形、管脚排列与引脚功能如表 6-4-6 所示。两个系列集成稳压器的内部电路结构和输出电压（均为±1.25V～±37V 可调）各自是相同的，只是输出电流与封装形式等有所差异。部分三端可调稳压器的供电特性，如表 6-4-7 所示。

其中，××117 系列、××137 系列为军用品，××217 系列、××237 系列为工业用品，××317 系列、××337 系列为民用品。

表 6-4-6　317/337 系列三端可调稳压器

输出极性	型号	外形编号	引脚功能 1	引脚功能 2	引脚功能 3	外形及管脚排列
正电压输出	317L	（1）	输入端	调整端	输出端	
	317L	（2）	调整端	输出端	输入端	
	317M	（3）	调整端	输入端	输出端	
	317M	（4）	调整端	输出端	输入端	
	317	（3）	调整端	输入端	输出端	
	317	（4）	调整端	输出端	输入端	
负电压输出	337L	（1）	输出端	调整端	输入端	
	337L	（2）	调整端	输入端	输出端	
	337M	（3）	调整端	输出端	输入端	
	337M	（4）	调整端	输入端	输出端	
	337	（3）	调整端	输出端	输入端	
	337	（4）	调整端	输入端	输出端	

表 6-4-7　部分三端可调稳压器供电特性

类型	产品系列或型号	最大输出电流（A）	输出电压（V）
正电压输出	LM117L/217L/317L	0.1	1.2～37
	LM117M/217M/317M	0.5	1.2～37
	LM117/217/317	1.5	1.2～37
	LM150/250/350	3	1.2～33
	LM138/238/338	5	1.2～32
	LM196/396	10	1.25～15
负电压输出	LM137L/237L/337L	0.1	－1.2～－37
	LM137M/237M/337M	0.5	－1.2～－37
	LM137/237/337	1.5	－1.2～－37

（二）三端可调集成稳压器的检测

以 LM317 三端可调集成稳压器为例，检测方法如图 6-4-5 所示。万用表置 R×1k 挡，红表笔接散热器（带小圆孔），黑表笔依次接 1、2、3 脚，检测的正确结果如表 6-4-8 所示。如果所测数据与表 6-4-8 不同，说明 LM317 不能正常使用。

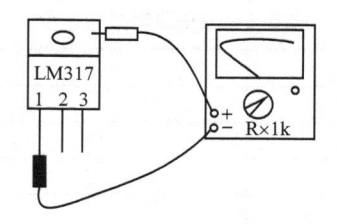

图 6-4-5　LM317 可调集成稳压器检测图

表 6-4-8　LM317 引脚参数

引　　脚	电 阻 值	功　　能
1	24kΩ	调整端
2	0Ω	输出端
3	4kΩ	输入端

（三）TL431 三端集成稳压器

TL431 三端集成稳压器是一种并联式可调集成稳压器，其输出电压为 2.5V～36V，最大输入电压为 37V，最大输出电流为 150mA。它可以等效为一只稳压二极管，外形和内电路框图，如图 6-4-6 所示。它可与 AN1431T、KIA431、CW431 和 μA431 直接代换使用。

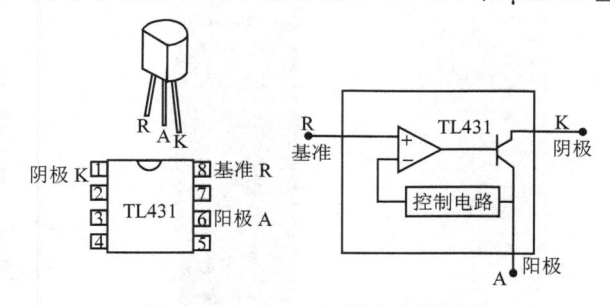

图 6-4-6　TL431 三端集成稳压器

三、使用三端集成稳压器时应注意的事项

三端集成稳压器虽然应用电路简单，外围元件很少，但若使用不当，同样会出现集成稳压器被击穿或稳压效果不良，所以在使用中必须注意以下几个问题。

1．不要接错引脚线。三端集成稳压器若输入和输出接反，当两端电压超过 7V 时，就有可能损坏集成稳压器。

2．输入电压不能过低或过高。过低集成稳压器性能会降低，纹波增大；过高则容易造成集成稳压器的损坏。

3．三端集成稳压器是一个功率器件，它的最大功耗取决于内部调整管的最大结温。因此，要保证集成稳压器能够在额定输出电流下正常工作，就必须为集成稳压器采取适当的散热措施。稳压器的散热能力越强，它所承受的功率也就越大。

4．为确保安全使用，应加接瞬时过电压、输入端短路、负载短路的保护电路，大电流集成稳压器要注意缩短连接线。

第三部分　课后练习

6-4-1．找来三端集成稳压器，查出它们的型号及功能填入表 6-4-9 中。

电子材料与元器件

表 6-4-9 三端集成稳压器

型　号						
输出极性						
引脚功能	1					
	2					
	3					

第五节　无线遥控器

无线遥控器是一种用来远程控制设备的装置，主要由集成电路和用来产生不同信息的按钮所组成。随着科技的发展已有了许多种类，常用的有红外遥控模式和无线电遥控模式两种。它们在生活中的应用已越来越多，给人们带来了极大的便利。

第一部分　实例示范

图 6-5-1 所示为几个不同的无线遥控器，查出它们的用途，并将结果填入表 6-5-1 中。

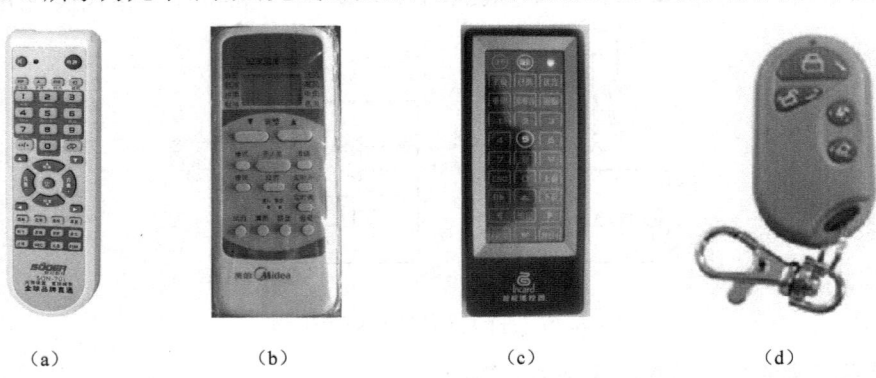

（a）　　　　　　（b）　　　　　　（c）　　　　　　（d）

图 6-5-1　无线遥控器图

表 6-5-1　无线遥控器的用途

序　号	a	b	c	d
用　途	电视机用	空调器用	学习机用	摩托车用

第二部分　基本知识

一、红外遥控器

红外遥控器利用波长为 760nm～1500nm 的近红外线来传送控制信号，具有方向性、隐藏性、不受电磁干扰、怕遮挡、距离短等特点，广泛应用在家用电器、安全保卫、工业控制以及人们的日常生活中。如电视机遥控器就是红外遥控器。

常用的红外遥控器一般有发射和接收两个部分，红外发光二极管和红外接收二极管是其核心元件。几种红外发光二极管的主要参数如表 6-5-2 所示。红外遥控器简介，如表 6-5-3 所示。

表 6-5-2　红外发光二极管主要参数

主要参数	符　号	单　位	HG310	HG450	HG520
正向工作电流	I_F	mA	50	180	3000
反向击穿电压	U_R	V	>5	≥5	
管压降	U_F	V	≤1.5	≤1.8	≤2
反向漏电流	I_R	μA	≤50	≤100	
光功率	P_0	mW	1～2	5～20	100～650
光波长	λ_P	nm	940	940	940
最大功耗	P_M	mw	75（小功率）	300（中功率）	6000（大功率）

表 6-5-3　红外遥控器

项　目	简　介	示例实物图
红外发光二极管	用特殊材料制成，与普通发光二极管外形相同、颜色不同，一般有黑色、深蓝、透明三种。当在其两端施加一定电压时，它便发出波长为940nm左右的红外光线。 红外发光二极管根据功率的大小可分为小功率（一般100mW以下）、中功率（几百毫瓦）、大功率（几瓦）三种。它的有效发射距离取决于功率，一般为几米至几十米	
红外接收二极管	红外接收二极管又称红外光电二极管或红外光敏二极管，一般有圆形和方形两种。它能很好地接收红外发光二极管发射的波长为940nm的红外光信号，而对于其他波长的光线则不能接收，因而保证了接收的准确性和灵敏度。广泛用于各种家用电器的遥控接收器中，如音响、彩色电视机、空调器、VCD视盘机、DVD视盘机以及录像机等	
红外接收头	有铁皮屏蔽和塑封两种封装。有电源、接地和数据输出三个引出脚，型号不同其引脚的排列也不同，可参考厂家的说明使用。 成品红外接收头不需要复杂的调试和外壳屏蔽即可使用，但要注意其载波频率的大小	
载波频率	采用对发射部分晶振的振荡频率进行整数分频的办法确定，分频系数一般取12。 常用的红外遥控器所使用的是455kHz晶振，所以其载波频率为38kHz。也有采用载波频率为36kHz、40kHz和56kHz的遥控系统	
检测操作说明	（1）红外发光二极管有两个引脚，通常长引脚为正极，短引脚为负极；或观察管壳内的电极，较宽较大的为负极，较窄较小的为正极；或万用表置R×1k挡，测量红外发光二极管的正、反向电阻，一般正向电阻在30kΩ左右，反向电阻在500kΩ以上即为正常。红外发光二极管的发光效率要用专门的仪器才能精确测定。 （2）常用的红外接收二极管外观颜色呈黑色。面对受光窗口从左至右分别为正极和负极。或观察管体顶端小斜切平面，通常带有此斜切平面一端的引脚为负极，另一脚为正极。 或万用表置R×1k挡，测量红外接收二极管的正、反向电阻，若小电阻值在3kΩ～4kΩ左右，大电阻值大于500kΩ以上，则表明二极管正常，其中阻值较小的一次，红表笔所接的为负极，黑表笔接的为正极；若正、反向电阻值均为零或∞，说明二极管已被击穿或开路。 或万用表置DC50μA（或0.1mA）挡，红表笔接红外接收二极管的正极，黑表笔接负极，然后让二极管的受光窗口对准灯光或阳光，若万用表的指针不摆动，则说明二极管性能不良；若指针向右摆动，则说明二极管的性能良好，且摆动的幅度越大，说明二极管的性能越好	

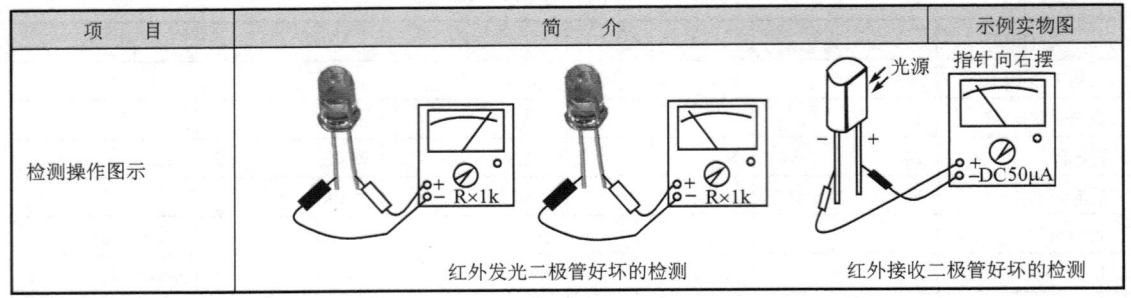

项 目	简 介	示例实物图
检测操作图示	红外发光二极管好坏的检测　　　红外接收二极管好坏的检测	

二、无线电遥控器

无线电遥控器利用无线电波来传送控制信号，对设备进行控制。具有无方向性、距离可达数十米至数公里、容易受电磁干扰等特点，广泛应用于车辆防盗系统、家庭防盗系统、遥控玩具及遥控开关等场合。

常用的无线电遥控器一般有发射和接收两个部分，原理方框图、外形及内部结构图，如图 6-5-2 所示。

（a）原理方框图　　（b）外形　　（c）内部结构图

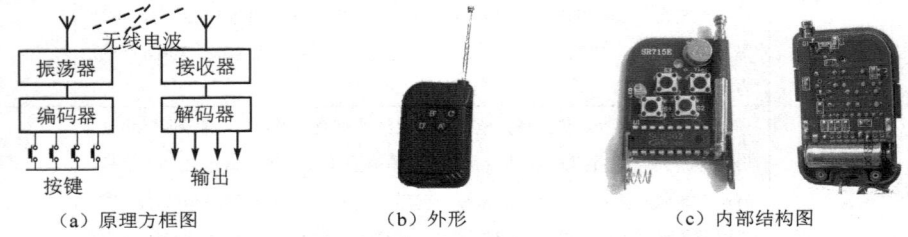

图 6-5-2　无线电遥控器原理方框图、外形及内部结构图

无线电遥控器简介，如表 6-5-4 所示。

表 6-5-4　无线电遥控器

项 目	简 介
载波频率	遥控器使用的是国家规定的开放频段，我国为 315MHz、欧美等国为 433MHz。在这一频段内，覆盖范围小于 100m 或不超过本单位范围、发射功率小于 10mW 即可自由使用
编码方式	有固定码与滚动码两种类型，固定码的编码容量仅为 3^8=6561 种，重码概率极大，其编码值通过焊点连接方式或用"侦码器"可以获取，保密性差；滚动码是固定码的升级换代产品，具有编码容量大、每次发射后自动更换编码、对码容易和接收器几乎无误动作等特点
输出方式	有锁存输出与非锁存输出两种。 数据只要成功接收，对应的输出端就一直保持高电平状态，直到下次遥控数据发生变化时改变为锁存输出。 数据输出的电平与发射端是否发射相对应。遥控器按键按下，有遥控信号时输出为 1；遥控器按键松开，无遥控信号时输出为 0 为非锁存输出
编码/解码芯片	常用的编解码芯片 PT2262/2272 具有四个并行的数据通道 A、B、C、D，PT2272 解码芯片的地址端和数据端共有 12 位，地址端用于区分不同的遥控器，数据端用于区分遥控器上的不同按键。一对遥控器和接收器中地址数据必须相同。 PT2272 解码芯片的不同后缀 L4/M4/L6/M6 等，表示不同的功能。L 为锁存输出，M 为非锁存输出。4 和 6 表示数据端，当采用 PT2272-M4（4 路数据端)时，对应的地址编码为 8 位，采用 PT2272-M6(6 路数据端)时，对应的地址编码位为 6 位。一般常用 4 路并行数据，8 位地址数据

续表

项　目	简　介
发射部分	有发射模块与遥控器两种类型，发射模块在电路中就是一个元件，根据其引脚定义和应用电路进行连接使用，具有体积小、价格低、便于电路修改等特点；遥控器就是一个方便独立使用的整机
编码器	为了防止不同遥控器之间的相互干扰，用户可自行设定编码器的地址编码。印制板上已经设计好连接焊盘，使用时只需要用焊锡连通即可。PT2262 的 1～8 脚为地址编码设置引脚，每个引脚可设定为悬空、高电位（接 H）、低电位（接 L）三种方式
接收部分	一般有超外差与超再生两种接收方式，与收音机相同。超外差式接收器稳定、灵敏度高、抗干扰能力较好；超再生式接收器体积小、价格便宜
解码器	常用 PT2272 超再生接收解码电路板的 1～8 脚为地址编码端；10～13 脚为数据输出端，分别对应遥控器按键 A、B、C、D 的输出端。如按下 B 键 11 脚就输出高电平，否则就输出低电平。 同一对遥控接收、发射器的编码方案必须相同，使用时只需将其安装在需要遥控的设备中即可

第三部分　课后练习

6-5-1．找来闲置的无线遥控器先检测其性能状况，拆开后观察其结构，并完成表 6-5-5 中的项目填写。

表 6-5-5　无线遥控器研究

项　目	内　容	
	红外遥控器	无线电遥控器
性能状况		
组成		
应用		

第七章 半导体显示器件

半导体显示器件是一种将电能转换成光能的器件。它的种类很多，包括图形、文字、数字、符号显示器等，按其结构又分有单体、组合、矩阵、大屏幕显示器等。在生产、生活中应用较多的是数字、字符显示器，主要用于电子仪器、电子钟表、电视机、计算机及手机等。

第一节　发光二极管

发光二极管由磷化镓、磷砷化镓等材料经特殊工艺制成，简称 LED。其核心是具有单向导电性的 PN 结，当注入一定的电流时，它就会发光。发光的颜色（波长）主要取决于半导体材料及掺杂成分，常用的有红（磷砷化镓）、黄（碳化镓）、绿（磷化镓）等颜色的发光二极管。另外，还有单色、双色、组合、单闪和七彩（内含集成电路）之分，及普通与超亮的区别，体积大小也有多种类型。发光二极管具有体积小、工作电压低、工作电流小、发光均匀稳定、响应速度快及寿命长等优点，广泛应用于家用电器、电子仪器及电子设备中。

第一部分　实例示范

图 7-1-1 所示为几款发光二极管产品，查出它们的名称，并将结果填入表 7-1-1 中。

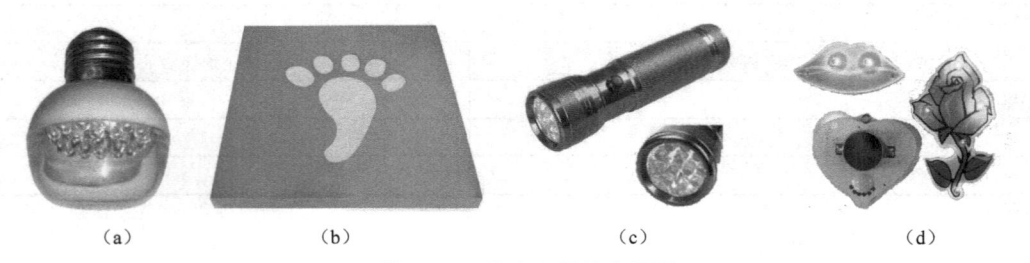

图 7-1-1　发光二极管产品图

表 7-1-1　发光二极管产品名称

序　号	a	b	c	d
名　称	照明灯	地砖灯	手电筒	礼品灯

第二部分　基本知识

一、发光二极管的分类及外形

发光二极管的分类及外形，如表 7-1-2 所示。另外，还可按芯片材料或按功能进行分类。

表 7-1-2　发光二极管

分　类	名称及应用	说　明
按发光颜色分	红外、红色、橙色、绿色（黄绿、标准绿和纯绿）、蓝色	有的管中包含二种或三种颜色的芯片
按塑封形式分	有色透明、无色透明、有色散射和无色散射	散射型适用于做指示灯
按出光面分	圆形、方形、矩形、面发光管、侧向管、微型管 圆形按直径分为 ϕ2mm、ϕ4.4mm、ϕ5mm、ϕ8mm、ϕ10mm 及 ϕ20mm	国外通常把 ϕ3mm 的发光二极管记做 T-1；把 ϕ5mm 的记做 T-1(3/4)；把 ϕ4.4mm 的记做 T-1 (1/4)
按半值角分	半值角为 5°～20° 或更小，高指向型	可作局部照明光源，或组成自动检测系统
	半值角为 20°～45°，标准型	作指示灯用
	半值角为 45°～90° 或更大，散射型	视角较大的指示灯
按结构分	全环氧包封、金属底座环氧封装、陶瓷底座环氧封装及玻璃封装	
按发光强度分	普通亮度（发光强度小于 10mcd）、高亮度（10mcd～100mcd）、超高亮度（发光强度大于 100mcd）	符号 cd（为坎德拉）
按工作电流分	一般（电流在十几至几十 mA）、低电流（2mA 以下）	
示例实物图	绿发绿　白发蓝　黄发黄　白发白　红发红　ϕ10mm　ϕ8mm　ϕ5mm　ϕ3mm 组合发光管　双色二极管　单闪发光二极管　七彩发光二极管　超亮发光二极管	

二、发光二极管的结构及导电特性

发光二极管的的基本结构、伏安特性曲线及电路图形符号，如图 7-1-2 所示。

(a) 结构图　　(b) 伏安特性曲线图　　(c) 电路图形符号

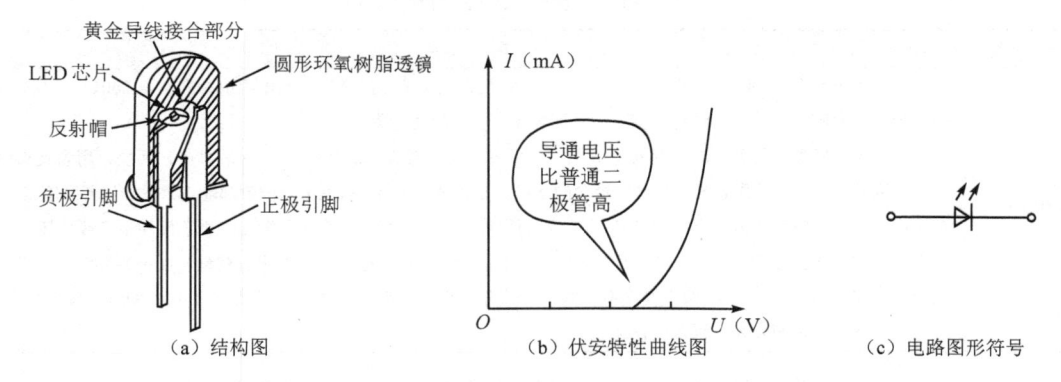

图 7-1-2　发光二极管的结构、伏安特性及电路图形符号

由伏安特性曲线可知，在正向电压小于某一值（叫阈值）时，电流极小，发光二极管不发光；当电压超过某一值后，正向电流随电压迅速增加，发光二极管发光。

发光二极管的正向工作电压一般在 1.4V～3V，当外界温度升高时，将有所下降；工作电流约为几毫安到十几毫安；反向漏电流一般在 10μA 以下。因发光二极管的发光强度正比于正向电流，所以它工作时电能消耗较小。

三、发光二极管的应用

发光二极管的应用举例，如表 7-1-3 所示。

表 7-1-3　发光二极管应用举例

名　称	微型手电筒	电源指示	低压稳压管
简　介	利用高亮度或超高亮度发光二极管制成	作直流电源、整流电源及交流电源指示	由于 LED 正向导通后，电流随电压变化非常快，具有普通稳压管稳压特性
电路图			
名　称	电平指示	电平表	彩灯
简　介	在放大器、振荡器或脉冲数字电路的输出端作信号指示，当输出电压大于 LED 的阈值电压时，LED 就会发光	当输入信号电平很低时，全不发光；输入信号电平增大时，首先 LED1 亮，再增大，LED2 亮……	利用几组不同的发光二极管构成彩灯电路
电路图			

四、发光二极管的检测

发光二极管的检测如表 7-1-4 所示。

表 7-1-4　发光二极管的检测

项 目	内　　容
操作说明	（1）万用表置 R×10k 挡，测量发光二极管的正、反向电阻值，正常时正向电阻值为几十至 200kΩ，反向电阻值为∞；否则为损坏。但这种检测不能看到发光二极管的发光情况。 （2）把两块同型号的万用表均置 R×10 挡，将甲表的黑表笔插入乙表的"+"接线柱中，两块万用表就构成了一块欧姆表。余下的黑表笔接发光二极管的正极，红表笔接负极。接通后，一般都能正常发光。若亮度很低，甚至不发光，可将两块万用表均置 R×1 挡，若仍很暗，甚至不发光，则说明发光二极管性能不良或损坏。 （3）用 3V 稳压电源或两节串联的干电池与发光二极管接成串联电路。用万用表测量，如果测得发光二极管的端电压在 1.4V～3V 之间，且发光亮度正常，则说明发光二极管完好；如果测得发光二极管的端电压为 3V 或零，且不发光，说明发光二极管已损坏
操作图示	用万用表欧姆挡测量　　　　　按成串联电路测量

第三部分　课后练习

7-1-1. 找来发光二极管用万用表对其进行检测，并将操作过程及结论填入表 7-1-5 中。

表 7-1-5　用万用表测量发光二极管

项　　目	操作过程及结论
判断好坏	
检测发光能力	

第二节　LED 显示屏

LED 显示屏是一种常用的数显器件。把发光二极管的管芯制成条状，再按适当的方式连接成发光段或发光点，使用时让某些笔段上的发光二极管发亮，就可以显示从 0 到 9 的十个数字，这就是 LED 数码管，即一位 LED 显示屏。

根据能显示多少个"8"，可划分成一位、双位、多位显示屏。两位以上的一般称为显示屏。除显示数字的 LED 外，还有能显示字母、符号、文字和图形、图像的显示屏。

LED 数显器件具有亮度高、工作电压低、功耗小、小型化、寿命长、耐冲击和性能稳定等特点；还有即可用于室内环境还可用于室外环境，具有投影仪、电视墙、液晶显示屏等无法比拟的优点。它们被广泛用于各种小型计算器及数字显示仪表或机场、车站、码头、银行及公共场所的指示、说明、广告等。LED 的发展前景极为广阔，更高的亮度、发光密度、耐气候性、发光均匀性和全色化是未来的发展方向。

第一部分　实例示范

图 7-2-1 所示为几款 LED 显示屏产品，查出它们的类别或名称，并将结果填入表 7-2-1 中。

(a)

(b)

(c)

(d)

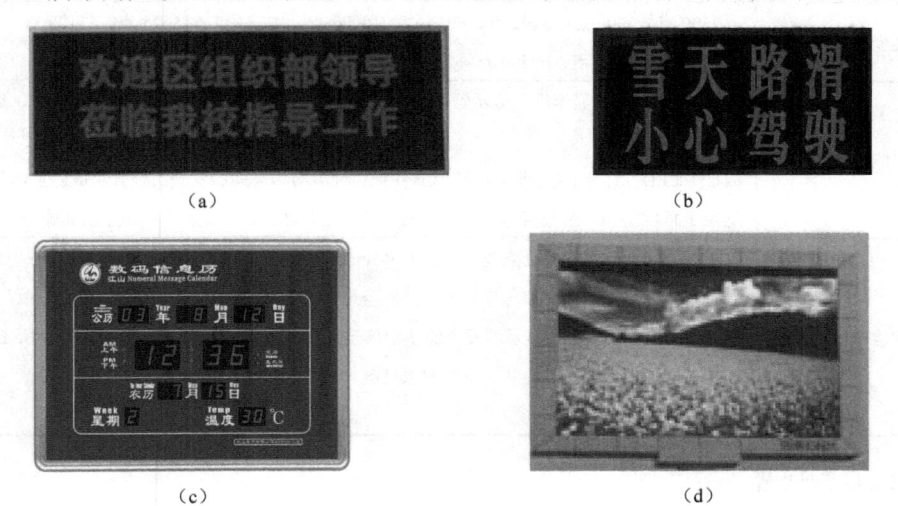

图 7-2-1　LED 显示屏产品图

表 7-2-1 LED 显示屏产品类别或名称

序　号	a	b	c	d
类别或名称	单基色显示屏	室外显示屏	数码显示屏	全彩色显示屏

第二部分　基本知识

一、LED 显示屏的分类

LED 显示屏的分类，如表 7-2-2 所示。

表 7-2-2 LED 显示屏的分类

分　类	内　容
按电极连接方式分	有共阳极和共阴极两种。各段发光管的阳极（即 P 区）公共，阴极互相隔离的为共阳方式；各段发光管的阴极（即 N 区）公共，阳极互相隔离的为共阴方式
按结构分	（1）采用空封和实封方式的反射罩式数码管，实封较多用于一位或双位器件，空封一般用于四位以上的数字（或符号）显示； （2）采用混合封装形式的条形七段式数码管； （3）适用于小型数字仪表的单片集成式多位数字显示屏
按字高分	显示屏字高最小有 1mm（单片集成式多位数码管的字高一般在 2mm～3mm），其他类型的最高为 12.7mm（0.5 英寸）甚至达数百毫米
按颜色分	（1）单基色显示屏：单一颜色（红色或绿色）； （2）双基色显示屏：红和绿双基色，256 级灰度，可以显示 65536 种颜色； （3）全彩色显示屏：红、绿、蓝三基色，256 级灰度的全彩色显示屏可以显示一千六百多万种颜色
按灰度等级分	有 16、32、64、128、256 级灰度
按发光点直径（mm）分	ϕ3.0、ϕ3.75、ϕ4.8、ϕ5.0、ϕ8.0、ϕ10、ϕ12、ϕ15、ϕ16、ϕ19、ϕ21、ϕ26；方 11、方 12、方 16、方 18 等
按像素密度分	2500 点、3906 点、5102 点、6944 点、10000 点、12384 点、15625 点、17199 点、17772 点、27778 点、44321 点、62500 点等
按使用功能分	（1）LED 数码显示屏：显示器件为七段码数码管，适用于制作时钟屏、利率屏、显示数字的电子显示屏等； （2）LED 点阵图文显示屏：显示器件是由许多均匀排列的发光二极管组成的点阵显示模块，适用于播放文字、图像信息，如条形显示屏、行情显示屏、多媒体视频显示屏等
按使用环境分	（1）室内显示屏：发光点较小，一般 ϕ3mm～ϕ8mm，显示面积一般几至十几平方米； （2）室外显示屏：面积一般几十平方米至几百平方米，亮度高，可在阳光下工作，具有防风、防雨、防水功能。室外显示屏发光的基本单元为发光筒，发光筒的原理是将一组红、绿、蓝发光二极管封在一个塑料筒内共同发光增强亮度。 （3）半室外显示屏

二、LED 数码管

LED 数码管简介，如表 7-2-3 所示。

第七章 半导体显示器件

表 7-2-3 LED 数码管

项　目	内　容
简介	基本的 LED 数码管是由八个发光二极管（7 段笔画和 1 个小数点）按一定规律排列而成的，可实现 0～9 的数字显示。a～g 代表七个笔段的驱动端，DP 是小数点的驱动端。一个 LED 数码管两端所加正向电压增加到 2V 时，就会出现正向电流并发光，极限电流为 20mA 左右。所以，无论是共阳极，还是共阴极结构，LED 数码管都要加限流电阻器
构成	示例实物图　　结构示意图　　效果图
电极连接方式	共阴连接　　共阳连接
检测操作说明	（1）对于共阴极电路，万用表置 R×10k 挡，红表笔接公共端，黑表笔逐个触碰其他各端都应是低电阻值，否则说明数码管损坏；对于共阳极电路，黑表笔接公共端，红表笔逐个触碰其他各端，结论同共阴极电路。 （2）对于 LED 数码管性能的检测，可以用干电池进行。以共阴极电路为例，将 3V 干电池负极连接到 LED 数码管的公共阴极上，用电池正极引线依次接触笔段的正极端。当接触到某一笔段的正极端时，这一笔段就会显示出来。检测时若显示的笔段残缺不全，说明数码管已局部损坏；若发光暗淡，说明器件已老化，发光效率太低。如果检测共阳极数码管，只需将电池正负极引出线对调一下即可
检测操作图示	用万用表欧姆挡检测　　用干电池检测
应用举例	

三、LED 显示屏

LED 点阵式显示屏采用类似于单片集成式多位数字显示屏工艺方法制作，与由单个发光二极管连成的显示屏相比，具有焊点少、连线少、所有亮点在同一平面、亮度均匀、外形美观等优点。它既能显示数字，又能显示字母和符号；如果将多块组合成大屏幕显示屏，还可以用于显示汉字、图形和图表。根据其内部 LED 尺寸的大小、数量的多少和发光强度、颜色等可分为多种规格。

（一）LED 显示屏的基本概念

LED 显示屏的几个基本概念，如表 7-2-4 所示。

表 7-2-4　LED 显示屏的基本概念

名　称	意　义
单元板规格	每块电路板的长度和高度
基本显示单元	每块单元板长度和高度所插模块的像素点数
点密度	每平方米像素点的个数
点间距	点与点轴心间隔距离
基本定模点阵	表示每个文字由长 16 个点和高 16 个点组成的矩阵
单色模块	模块的像素点由一种发光晶点组成，只能显示一种颜色
双色模块	模块的像素点由两种发光晶点组成，即红色和绿色晶点，可以显示红、绿、黄三种颜色
三基色模块	模块的像素点由三种发光晶点组成，即红色、绿色和蓝色晶点，可以显示全彩色

（二）单色、双色 LED 点阵式显示屏

单色、双色点阵式 LED 显示屏简介，如表 7-2-5 所示。

表 7-2-5　单色、双色点阵式 LED 显示屏

颜色	项目	内　容
单色	简介	8×8 点阵共需要 64 个发光二极管，且每个发光二极管放置在行线和列线的交叉点上。当行、列呈现不同电平时，则相应的发光二极管点亮。如行一加高电平，列一加低电平，则 VD1 亮，其余的都不亮；若行一加高电平，列八加低电平，则 VD8 亮，其余类推
	构成	示例实物图　　　　　　　　　　　　内部电路图
	应用	天气寒冷，请同学们注意添加衣服，以防感冒。
双色	简介	双色点阵式 LED 的每一个发光点都是由红色和绿色各一只发光二极管组成的，当它们单独点亮时，就分别发红光和绿光；当它们一起点亮时则发黄色光

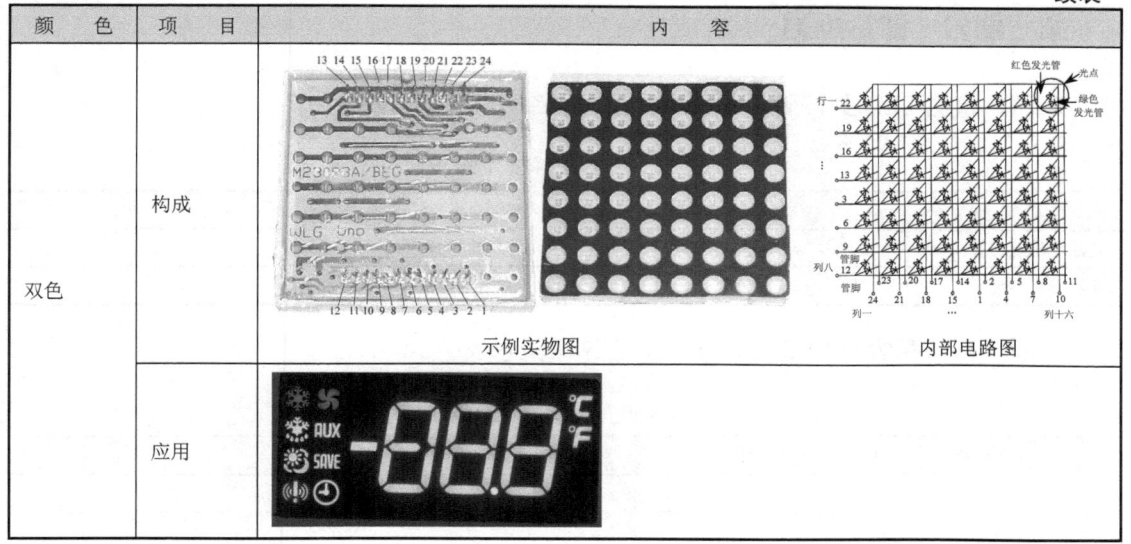

续表

颜色	项目	内容
双色	构成	示例实物图　　　　　　内部电路图
	应用	

（三）LED 电子数字钟显示屏

LED 电子数字钟显示屏的简介如表 7-2-6 所示。

表 7-2-6　LED 电子数字钟显示屏

项目	内容
简介	LED 电子数字钟是一种采用数字电路技术实现对年、月、日、时、分、秒、温度等内容用 LED 组成的显示屏来显示的装置。它能长期、连续、可靠、稳定地工作；同时还具有体积小、功耗低、便于携带、使用方便等特点。与机械式时钟相比，既无机械装置又有更高的准确性和直观性，而且还大大地扩展了钟表所具有的报时功能，广泛应用于个人家庭、车站、码头、办公室等公共场所。钟表的数字化给人们生产生活带来了极大的方便，已成为人们日常生活中不可缺少的必需品
显示电路举例	
构成	面板图　　　　　　整机图
检测操作说明	万用表置 R×10k 挡，用判断普通二极管好坏的方法分别检测发光二极管的好坏。 如黑表笔接 1 号端子，红表笔分别碰触 5、7、8、9、10、12、13、15、16、17、18、19、20、21 端子，万用表指示应为低阻值，且显示屏段有微光发出；交换两表笔位置测量，万用表指示应呈高阻值
示例实物图	

第三部分 课后练习

7-2-1. 检测 LED 数码管，并将操作过程及结论填入表 7-2-7 中。

表 7-2-7 LED 数码管研究

项　　目	操作过程及结论
判断电极连接方式	
检测发光性能	

7-2-2. 调研身边的 LED 显示屏，并将结果填入表 7-2-8 中。

表 7-2-8 LED 显示屏调查

名　　称	类　　型	应用场所

第三节　液晶显示器

我们知道物质有固体、液体和气体，液态晶体又称液晶是介于固体与液体之间的有机化合物。在特定的温度范围内，它既具有液体的流动性，又具有某些光学特性，其透明度随电场、磁场、光及温度等外界条件的变化而变化。利用液晶的电光效应制成显示器，就是液晶显示器又称 LCD 数码显示器。

液晶显示器具有体积小、重量轻、低电压、微功耗、平板显示等优点，是显示技术的重要发展方向之一。

第一部分　实例示范

图 7-3-1 所示为几款液晶显示器产品，查出它们的用途，并将结果填入表 7-3-1 中。

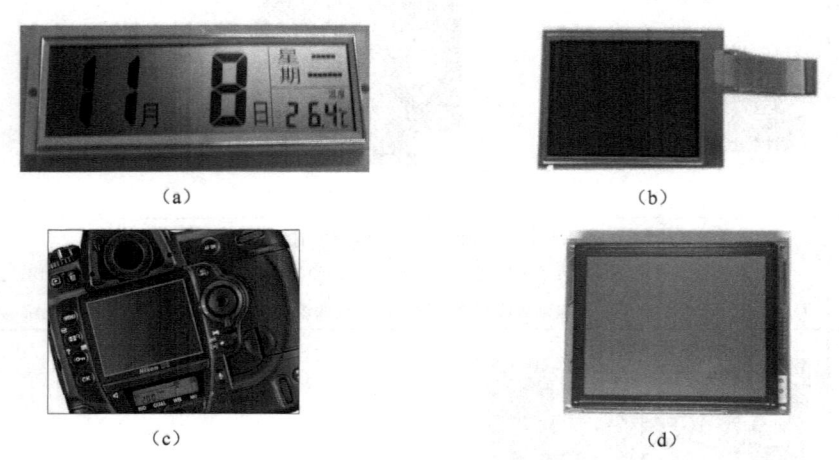

(a)　　(b)　　(c)　　(d)

图 7-3-1　液晶显示器产品图

表 7-3-1 液晶显示器产品的用途

序 号	a	b	c	d
用 途	电子日历用	手机用	数码相机用	文字显示用

第二部分 基本知识

一、液晶显示器的分类

液晶显示器的种类很多，其分类如表 7-3-2 所示。

表 7-3-2 液晶显示器的分类

分类依据	类 型
按使用范围分	计算器用、手表用、仪器仪表用、电视机用、影碟机用、笔记本电脑用、桌面式计算机用
按显示方式分	反射型、透射型、影型
按衬底与字符分	正型（常白型）：字、符为黑色，衬底为白色；负型（常黑型）：字、符为白色，衬底为黑色
按控制方式分	被动矩阵型 LCD、主动矩阵型 LCD
按驱动方式分	静态驱动、单纯矩阵驱动、主动矩阵驱动
按物理结构分	扭曲向列场效应型(TN)、超扭曲向列型(STN)（单色 LCD）、双层超扭曲向列型(DSTN)（微彩 LCD）、薄层超扭曲向列型（FSTN）、彩色超扭曲向列型（CSTN）、薄膜晶体管型(TFT)（真彩 LCD）

二、液晶显示器

液晶显示器简介，如表 7-3-3 所示。

表 7-3-3 液晶显示器

项 目	内 容
结构简介	液晶显示器通常是一个很薄的扁平盒，盒子上下两面是透明的玻璃板和偏振片，四周用环氧树脂密封，中间夹上一层 0.01mm 左右的液晶材料后抽成真空，与液晶材料接触的玻璃板内侧涂着极薄的透明导电电极。 两片用高分子塑料薄膜在一定的工艺条件下进行加工而成的偏振片的偏光轴为相互平行（常黑型）或相互正交（常白型），且与液晶盒表面定向方向相互平行或垂直。在下偏振片的后面贴上一片反光片，使光的入射和观察都在液晶盒的同一侧。 当控制电极之间的电压发生变化时，可使液晶分子发生动态散射或其他电光效应，经反光片反射，完成显示功能
构成	1—下电极；2—上电极；3—上偏振片；4—液晶材料；5—上玻璃；6—封胶；7—下玻璃；8—下偏振片；9—反光片 示例实物图　　　　　　结构示意图

续表

项 目	内 容
数字电极	7段正面电极　　　8字形背电极　　　示例实物图
数字显示	将导电电极制成特定的形状，按 a～g 划分七段互相绝缘的电极，在由集成电路组成的译码器的输出信号作用下，控制各段电极的电压，就可以实现 0～9 的数字显示。依此原理，还可以组成多位数字液晶显示器。液晶显示器不是主动发光器件，液晶本身不会发光，而是借助良好的环境光或者其他形式的外加光源来清晰显示图形。外部光线越强，它的显示效果越好。而且不会像 LED 数码显示器那样会被强光所淹没
显示类型	正型显示示意图　　负型显示示意图　TN型　　　　　　　　　　STN型 | 显示模式	黄绿模	蓝模	灰模	黑白模
---	---	---	---	---
背景	黄绿色	蓝色	灰白色	白色
前景	蓝黑色	白色	深蓝色	黑色	
照明方式	反射型示意图　　透射型示意图　　半透射型示意图 透射型和半透射型一般都需要加背光源，这种方式在正常光线及暗光线下，显示效果都很好。但在日光下，很难辨清显示内容。同时背光要消耗电源的能量
驱动方式	TN 型液晶显示器的驱动分静态和动态两种。 　静态驱动型：每段电极用一根外引线，背电极为一个整体，需要哪个笔段显示，就接入点燃脉冲。一般仪表用此方式显示。 　动态驱动型：段电极几个一组并联引出，背电极分成几部分分别引出，用一脉冲循环扫描几条背电极。需要哪段显示时，就在扫描到此段背电极的同时，也在此段上接入一点燃脉冲，则此段即瞬间显示，快速往返循环，视感连续，显示稳定。计算器、多种复杂图形、多功能手表均采用此方式显示。 　当显示字段增多时，为减少引出线和驱动电路，还可采用时分驱动方式
检测操作说明	以三位半（$3\frac{1}{2}$）静态液晶显示器为例。 　（1）万用表置 R×10k 挡，将一表笔接液晶显示屏靠近半位一边最边上的背极(BP 脚)，另一表笔分别触碰除画"×"的引脚外的其他各引脚，被碰触的引脚对应的笔段都应该明显地发亮，否则说明这一笔段显示有问题。 　（2）万用表置交流 250V 或 500V 挡，用一表笔接交流 220V 电源的相线(火线)插孔，另一表笔分别碰触液晶显示屏的其他引脚，用手指接触液晶显示屏的背极。此时被碰触引脚对应的笔段应有明显的显示。否则说明该笔段有问题。在测量中可能会出现被测笔段的相邻笔段也有感应显示，此属正常现象。 　（3）因液晶显示屏的驱动是只要在某笔段引出脚与背极间加上相反的电压即可显示。所以可以用一个 30Hz 左右的脉冲信号源的一个输出端接液晶显示屏的背极，另一输出端分别触碰其他各引脚，相应的笔段应有清晰的显示。 　（4）取一段几十厘米长的软导线，靠近家用 220V、50Hz 交流电源线。用手指接触液晶显示屏的公共端电极，将软导线的一端金属部分（手指不要碰触）依次接触笔段电极，导线的另一端悬空，适当调整软导线与 50Hz 电源线的距离，若液晶显示屏是正常的，就会清晰地依次显示出相应的笔段。但要防止显示过强带来的损伤

续表

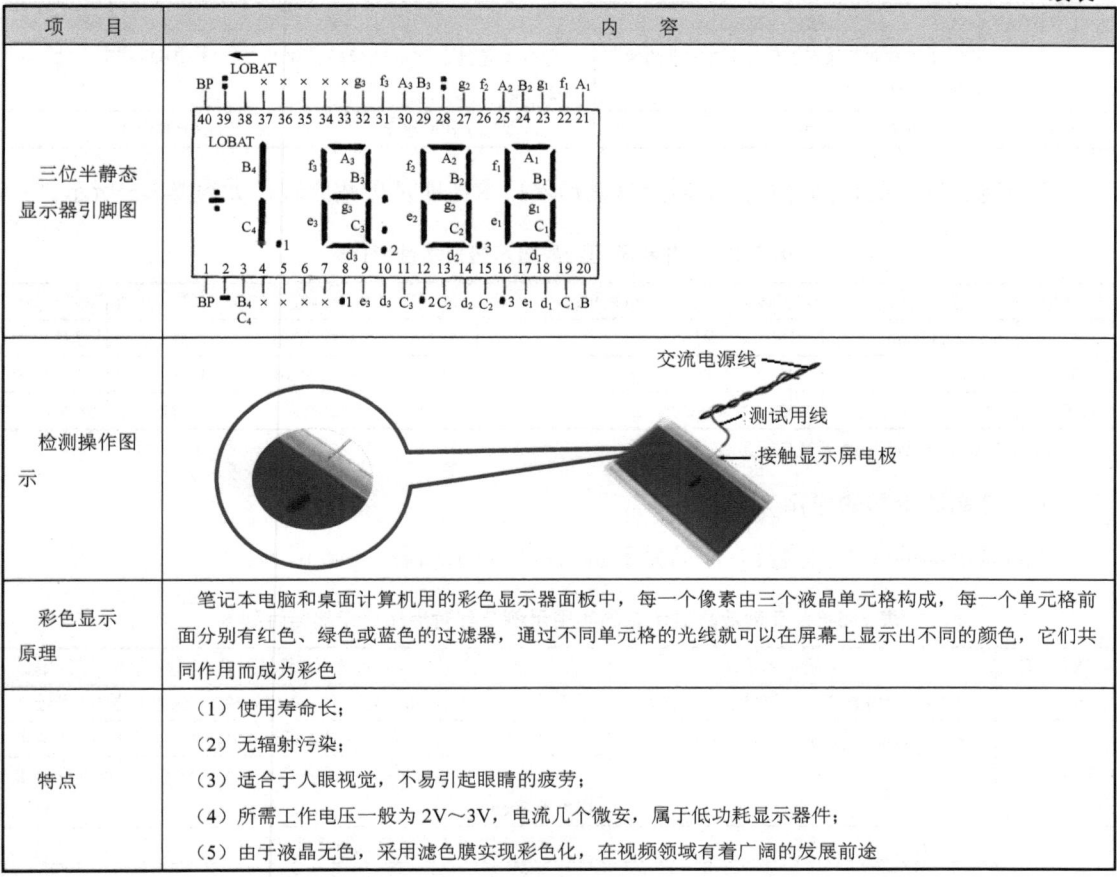

项 目	内 容
三位半静态显示器引脚图	（引脚图）
检测操作图示	（检测操作示意图：交流电源线、测试用线、接触显示屏电极）
彩色显示原理	笔记本电脑和桌面计算机用的彩色显示器面板中，每一个像素由三个液晶单元格构成，每一个单元格前面分别有红色、绿色或蓝色的过滤器，通过不同单元格的光线就可以在屏幕上显示出不同的颜色，它们共同作用而成为彩色
特点	(1) 使用寿命长； (2) 无辐射污染； (3) 适合于人眼视觉，不易引起眼睛的疲劳； (4) 所需工作电压一般为 2V～3V，电流几个微安，属于低功耗显示器件； (5) 由于液晶无色，采用滤色膜实现彩色化，在视频领域有着广阔的发展前途

三、液晶显示器的主要参数

技术参数是衡量液晶显示器性能高低的重要标准，常用的主要参数如表 7-3-4 所示。

表 7-3-4　液晶显示器的主要参数

主要参数	意　义	说　明
尺寸	显示屏对角线的长度	常用的有 14、15 和 17 英寸，价格主要决定于尺寸
点距	水平点距：每个完整像素(含 R、G、B)的水平尺寸；垂直点距：每个完整像素的垂直尺寸	一般有点 28(0.28mm)、点 26 和点 25 三种，显示器的尺寸和点距会影响分辨率
可视角度	站在距显示屏表面垂线的一定角度内仍可清晰看见图像的最大角度	可视角越大越好
对比度	最大亮度值(全白)除以最小亮度值(全黑)的比值	一般在 200∶1～400∶1 之间，越大越好
亮度	表现显示屏发光的程度，通常由冷阴极射线管(背光源)来决定	亮度越高，对周围环境的适应能力就越强。一般在 150cd/m^2～350cd/m^2 之间，越大越好
响应时间	各像素点的发光对输入信号的反应速度	响应时间是像素点由亮变暗时对信号的延迟时间(上升时间)和像素点由暗转亮时对信号的延迟时间(下降时间) 的和，一般要求小于 20ms

续表

主要参数	意 义	说 明
分辨率	水平方向的像素点数与垂直方向的像素点数的乘积	分辨率越高,清晰度越好。如 800×600、1024×768、1280×1024 等
整机功耗	整机消耗的电功率	一般要求工作时小于等于30W,省电时小于等于3W

几种能进行大面积高分辨显示的液晶显示器技术性能及参数比较,如表 7-3-5 所示。

表 7-3-5　几种不同液晶显示器技术性能比较

显示类型	尺 寸	扫描线数	可视角度	对 比 度	响应速度	灰度能力	彩 色
TN	5.1×20.3（cm）	<100	好	20:1	约 20ms	好	容易
STN	14 寸	400	窄	100:1	大于 100ms	困难	难
TFT	14 寸	1024	$\theta\pm20°$,$\phi\pm45°$	100:1	20ms	很好	可全色

注:θ 表示纵向视角,ϕ 表示横向视角。

四、液晶显示器的应用

液晶显示器的应用实例及对液晶显示器的特性要求如表 7-3-6 所示。

表 7-3-6　几种液晶显示器的实用示例及其对液晶显示器特性要求

类 型	应用实例	对液晶显示器特性的要求
TN	手表、计算器矩阵字符显示用仪表等	段显示、尺寸小、64 线以下、对比度 20:1、像素数在 10^3 量级
STN	便携式计算机、掌上机、文字处理机等	单色、扫描线 400、像素数量大可达 640×480、显示尺寸 12 英寸
STN	汽车仪表	环境温度 −30℃～70℃、储存温度 −40℃～80℃、昼夜可视、亮度大于 80cd/m²
TFT	小型电视	像素数十万以上、彩色、图像质量良好
TFT	计算机显示屏、监视器、飞机仪表屏	像素数 1920×1600、全色、64 灰度
TFT	高分辨率电视	长度比 16:9、扫描线 1024 以上、像素数 100 万以上、全色、64 灰度
TFT	大面积投影电视	50 英寸～200 英寸、连续可调、像素数 100 万以上

五、液晶显示模块举例

液晶显示模块是一种将液晶显示器件、连接件、集成电路、PCB 线路板、背光源、结构件装配在一起的组件,一般称液晶显示模块,简称 LCM。按国家有关标准的规定,只有不可拆分的一体化部件才称为模块,可拆分的叫组件。所以按规范应为液晶显示组件,但长期以来人们称模块已经习惯了。几种液晶显示模块简介,如表 7-3-7 所示。

表 7-3-7　几种液晶显示模块

名　称	LCM045	LCM109	LCM067
功　能	4 位 8 段 7 提示符	10 位 8 段 8 提示符	6 位米 8 段 9 提示符
用　途	适用于各种仪器仪表	适用于大型仪表控制柜	适用于便携式通用仪器仪表
示例实物图			

续表

名 称	LCM1010	LCM0823	LCM06L
功 能	10位8段式带提示符	8位8段13提示符	6位8段4提示符
用 途	汽车里程表专用	暖气表专用	电子称专用,也适用于通用仪器仪表
示例实物图			

六、使用注意事项

使用液晶显示器应注意以下几点：

1．切忌过长时间施加直流电压；尽量避免长时间显示同一张画面；不要把亮度调得太大；不用时，最好关闭电源。
2．保持使用环境的干燥、远离一些化学药品，不得超过指定工作温度范围。
3．平常最好使用推荐的最佳分辨率。
4．避免强紫外线照射并应保护 CMOS 驱动电路免受静电的冲击。
5．不要用手去按压或用硬物敲击显示屏，防止液晶板玻璃破裂。
6．保持器件表面清洁，采用正确方法清洗。
7．在使用或更换液晶显示器时，一定要认清不同的驱动类型。

第三部分　课后练习

7-3-1．检测三位半静态液晶显示器，将操作过程及结论填入表 7-3-8 中。

表 7-3-8　液晶显示器的检测

项　目	操作过程及结论
用万用表欧姆挡检测	
用万用表交流电压挡检测	
用信号源检测	
自制工具检测	

第八章　电声器件

电声器件通常是指能将音频电信号转换成声音信号，或者能将声音信号转换成音频电信号的器件。电声器件的种类很多，除了传声器和扬声器外，还有耳机、拾音器、受话器、送话器和蜂鸣器等，它们在收音机、录音机、扩音机、电视机、计算机及通信设备上都被广泛应用。

电声器件的品种繁多、用途各异，了解它的型号命名方法，将有助于合理选用器件。电声器件型号命名一般由四部分组成，如图 8-1-1 所示；其各部分各字母的含义如表 8-1-1 所示。

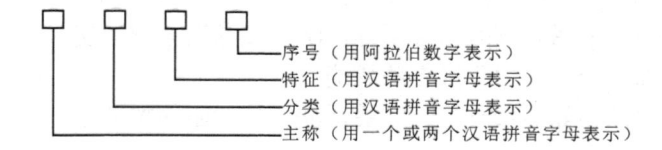

```
□ □ □ □ ── 序号（用阿拉伯数字表示）
          ── 特征（用汉语拼音字母表示）
          ── 分类（用汉语拼音字母表示）
          ── 主称（用一个或两个汉语拼音字母表示）
```

图 8-1-1　电声器件型号组成

表 8-1-1　电声器件型号命名方法

第一部分		第二部分		第三部分				第四部分
字母	主称	字母	分类	字母	特征	字母	特征	
Y	扬声器	C	电磁式	H	号筒式	G	高频	
C	传声器	D	动圈式（电动式）	T	椭圆式	Z	中频	
E	耳机	A	带式	Q	球顶式	D	低频	
O	送话器	E	平膜音圈式	J	接触式	L	立体声	
S	受话器	Y	压电式	I	气导式	K	抗噪声	按各生产厂规定的企业标准或方法规定执行。凡带有放大器的器件或组件，均在其序号前加注"F"
N	送话器组	R	电容式（静电式）	S	耳塞式	C	测试用	
H	两用换能器	Z	驻极体式	G	耳挂式	F	飞行用	
YZ	声柱	T	炭粒式	Z	听诊式	T	坦克用	
HZ	号筒式组合扬声器	Q	气流式	D	头载式	J	舰艇用	
EC	耳机传声器组			C	手持式	P	炮兵用	
YX	扬声器系统							
TF	复合扬声器							
OS	送受话器组							
TM	通信帽							

例如，YD100—1 表示直径为 100mm 的动圈式纸盆扬声器，YHG5—1 表示额定功率为 5VA 的高频号筒式扬声器，EDL—3 表示立体声动圈式耳机，ECS-S 表示耳塞式电磁耳机，YD10—12B 表示 10W 动圈式扬声器，CZⅢ—1 表示三极驻极体式传声器。

第一节　扬声器

扬声器是把音频电信号转变为声音信号的电声器件，又称喇叭。扬声器品种较多，常用的有电动式、舌簧式、晶体式和励磁式等。其中使用最广泛、数量最多的是电动式扬声器，舌簧式和晶体式扬声器在有线广播系统中使用较多，现已基本没用。

第一部分　实例示范

图 8-1-2 所示为几个不同型号的扬声器，查出它们的类型名称，并将结果填入表 8-1-2 中。

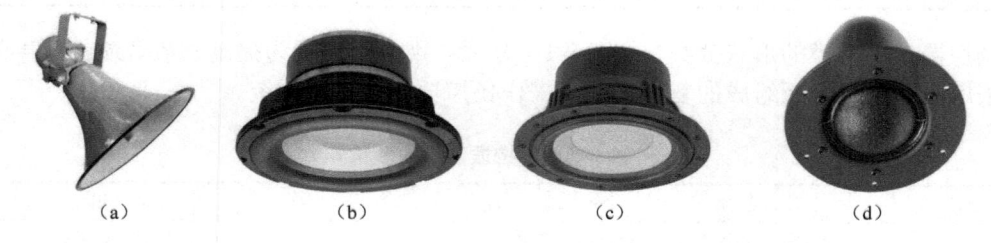

图 8-1-2　扬声器图

表 8-1-2　扬声器的类型名称

序　号	a	b	c	d
名　称	号筒式扬声器	外磁式扬声器	内磁式扬声器	球顶式扬声器

第二部分　基本知识

一、扬声器的种类

扬声器的类型较多，部分扬声器的结构、外形及电路图形符号，如图 8-1-3 所示。

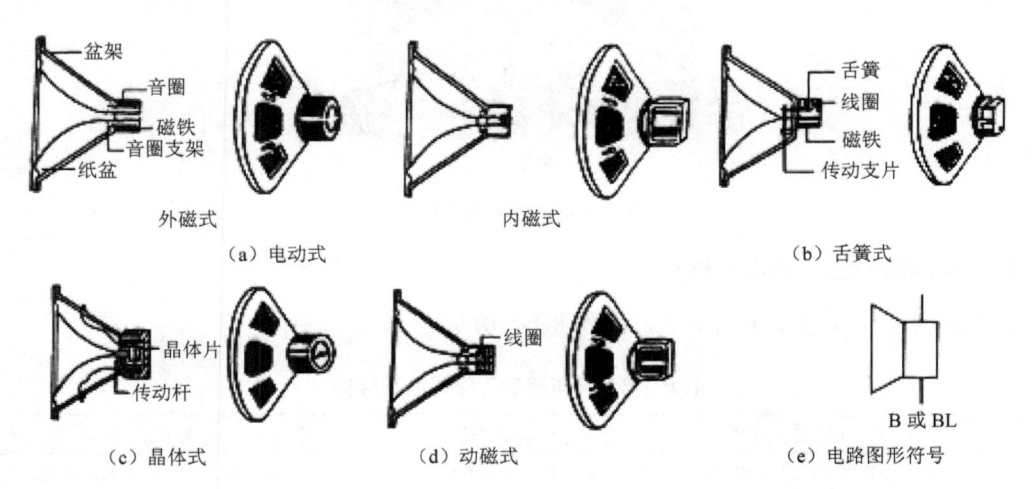

图 8-1-3　扬声器的结构、外形及电路图形符号

按外部形状分为圆形、椭圆形及超薄形等，椭圆形与圆形扬声器的电性能在材料、制造原理、口径相同时基本一样，主要是为了便于整机外形和内部结构的设计而分。

按磁路结构分外磁式、内磁式、屏蔽式和双磁路式等，其中后三者的漏磁很小，适用于电视机、组合音响等对杂散磁场要求高的电子整机。

扬声器的结构、尺寸、形状、材质及工艺等诸多因素决定着它的工作频率。根据扬声器的频率响应分类，如表8-1-3所示。

表 8-1-3 扬声器按工作频率分类

名 称	全频带扬声器	低音扬声器	中音扬声器	高音扬声器
频率范围	几十赫兹到二十千赫兹	15Hz～5kHz	500Hz～7.5kHz	2.5kHz～25kHz
用 途	覆盖音频的高、中、低全频段	适用于重放低频信号	适用于重放中频信号	适用于重放高频信号

扬声器按振动膜的形状分类，如表8-1-4所示。现代扬声器为提高重放音质的原声效果，广泛采用由不同材料所组成的复合振动膜来作扬声器中的振动系统。

表 8-1-4 扬声器按振动膜的形状分类

振动膜形状	性 能	用 途
锥形	允许振动的幅度较大，性能较为稳定	大口径扬声器
平板形	辐射面呈凹形	普通扬声器
球顶形	指向性较宽，瞬态响应好，相位失真也较小	高音扬声器

二、扬声器的标称值

扬声器上直接标注的额定功率和标称阻抗是其能正常工作的主要参数，如图8-1-4所示。额定功率是指扬声器在长期正常工作时所能输入的最大电功率，常用扬声器的功率有 0.1VA、0.25VA、0.5VA、1VA、3VA、5VA、10VA、50VA、100VA 及 200VA；标称阻抗是扬声器的（交流）阻抗值，又称额定阻抗。常用扬声器的标称阻抗有 4Ω、8Ω 和 16Ω。

图 8-1-4 扬声器的铭牌

三、扬声器的工作原理及结构

扬声器的工作原理及结构举例，如表8-1-5所示。

表 8-1-5 扬声器的工作原理及结构

名 称	电动式扬声器	球顶式扬声器	号筒式扬声器
工作原理	当音频电流通过音圈时，音圈产生随音频电流而变化的交变磁场，这一变化磁场与永久磁铁的恒定磁场发生相互作用，导致音圈产生机械振动，由于音圈和振动膜相连，从而带动振动膜振动，由振动膜振动引起空气的振动而发出声音		

续表

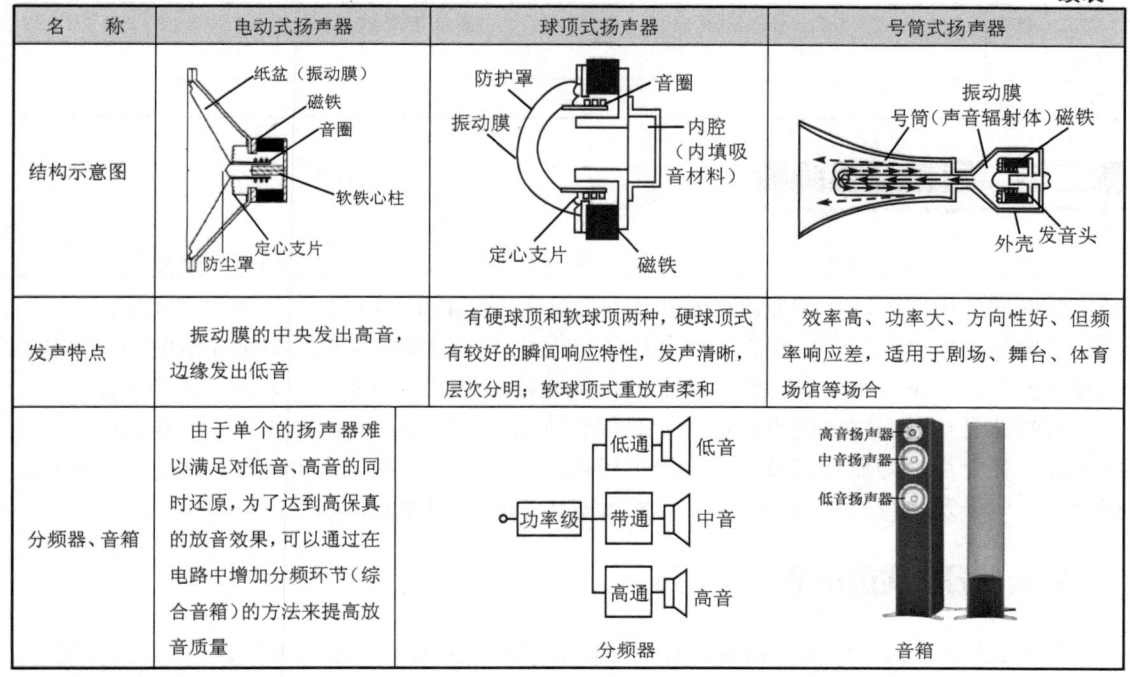

名　称	电动式扬声器	球顶式扬声器	号筒式扬声器
结构示意图	纸盆（振动膜）、磁铁、音圈、软铁心柱、定心支片、防尘罩	防护罩、音圈、内腔（内填吸音材料）、振动膜、定心支片、磁铁	振动膜、号筒（声音辐射体）、磁铁、外壳、发音头
发声特点	振动膜的中央发出高音，边缘发出低音	有硬球顶和软球顶两种，硬球顶式有较好的瞬间响应特性，发声清晰，层次分明；软球顶式重放声柔和	效率高、功率大、方向性好，但频率响应差，适用于剧场、舞台、体育场馆等场合
分频器、音箱	由于单个的扬声器难以满足对低音、高音的同时还原，为了达到高保真的放音效果，可以通过在电路中增加分频环节（综合音箱）的方法来提高放音质量	功率级→低通→低音；带通→中音；高通→高音（分频器）	高音扬声器、中音扬声器、低音扬声器（音箱）

四、扬声器的检测

扬声器的检测，如表 8-1-6 所示。

表 8-1-6　扬声器的检测

项　目	性　能	音圈直流电阻
操作说明	万用表置 R×1Ω 挡，用两表笔断续触碰扬声器的两引出端，若扬声器发出"咯咯…"声，则说明正常；若无声，则说明断路；若为"破声"，则说明纸盆脱胶或漏气	万用表置 R×1Ω 挡，两表笔接扬声器的两引出端，万用表指示为扬声器标称阻抗的 0.8 倍左右。若数值过小，说明音圈短路；若过大，则说明音圈断路
操作图示	R×1Ω	6.4Ω 左右　R×1Ω

第三部分　课后练习

8-1-1．找来闲置的扬声器先用万用表检测它的性能状况，拆开后观察其结构，并完成表 8-1-7 中的项目填写。

表 8-1-7　扬声器研究

项　目	内　容
性能状况	
音圈电阻	

续表

项 目	内 容
组成	
类型	

第二节 耳机和蜂鸣器

耳机、耳塞同扬声器一样也是一种把音频电信号转换成声音信号的电声换能器件。只是扬声器是向自由空间辐射声能；而耳机、耳塞则是把声能辐射到人耳的小小空间里。

压电陶瓷发声元件是选用在电场作用下能发生机械振动的陶瓷材料来制成的。它工作在高频状态下，音量较小，是压电蜂鸣器的主要构件，也可以制成小功率的高频扬声器。

蜂鸣器是一种小型化的电声器件，又称音响器、讯响器。它具有体积小、重量轻、声压电平高、耗能少、寿命长以及使用方便等特点，广泛应用于仪器仪表、微型通信、计算机、报警器、电子玩具、汽车电子设备、定时器等电子产品中作发声器件。

第一部分 实例示范

图 8-2-1 所示为一些发声器件，查出它们的名称，并将结果填入表 8-2-1 中。

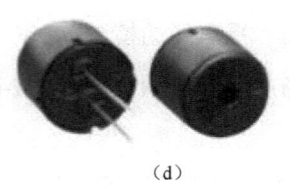

(a)　　　(b)　　　(c)　　　(d)

图 8-2-1　发声器件图

表 8-2-1　耳机、耳塞、蜂鸣器的认识

序 号	a	b	c	d
名 称	耳机	耳塞	压电陶瓷发声元件	无源蜂鸣器

第二部分 基本知识

一、耳机、耳塞

耳机、耳塞主要用于袖珍式收音机、单放机、手机中，以替代扬声器作放声用。它们在电路中用文字符号"B"或"BE"表示，部分耳机、耳塞的结构外形及电路图形符号，如图 8-2-2 所示。

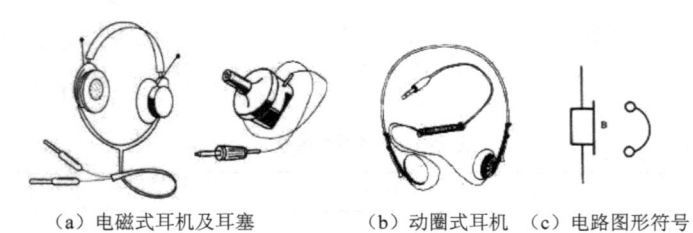

(a) 电磁式耳机及耳塞　　(b) 动圈式耳机　(c) 电路图形符号

图 8-2-2　耳机、耳塞图

（一）耳机的分类

耳机的种类较多，一般分类如表 8-2-2 所示，还有按用途分为家用、便携、监听、混音等耳机。

表 8-2-2　耳机的分类

分类	名称	特点
按换能原理分	电磁式	线圈套在磁铁上，当音频电流通过线圈时，电磁铁产生交变磁场，吸引振动膜产生振动，从而发出声音。它有高阻抗和低阻抗两种，是较常用的类型
	电动式	又称动圈式。原理是与振膜相连的线圈处于永磁场中，当有电流通过时线圈产生运动并带动振膜发声。它具有结构简单、灵敏度高、承受功率大、音质音色稳定等特点，绝大多数的耳机耳塞都属此类
	电容式	又称静电式，有需外加直流电压的电容式和自身已带电荷的驻极体电容式两种。是通过信号的极性变化在相对电极之间产生排斥或吸引来发声。它具有频带宽、音质好等优点，但是结构很复杂、制造难度大，这类耳机较少见
	压电式	利用具有压电效应的材料制成，当音频信号加到压电片上时，压电片产生逆压电效应发生形变，于是带动振动膜振动，从而发出声音。它具有结构简单、体积小、耐潮湿性好等特点，主要用于语言系统的重放
	红外线式	不需导线和放大电路连接，利用红外线传输。具有频率范围宽（20Hz～20kHz）、灵敏度高、失真度小等特点
按开放程度分	封闭式	耳机通过自带的耳垫将耳朵完全封闭起来。耳机个头较大、声音定位清晰、耳罩对耳朵压迫较大，主要用于专业监听或噪声较大的环境
	开放式	采用柔软海绵的微孔发泡塑料作透声耳垫。具有体积小巧、佩戴舒适、没有与外界的隔绝感，耳机对耳朵的压迫较小，是常用的耳机样式
	半开放式	采用多振膜结构，除了有一个主动有源振膜之外，还有多个无源从振膜。具有低频丰满绵柔、高频明亮自然、层次清晰等特点，广泛应用于较高档次耳机

（二）耳机的结构及工作原理

一只耳机主要由头带、耳罩、左右发声单元和引线四个部分组成。

头带将左右发声单元固定并置于头的两侧，它的结构以及它与单元的连接方式决定了头带和耳罩对头部的压力，影响着耳机佩带的舒适性。

耳罩是头部与发声单元接触的部件，有压在耳朵上的压耳式和呈杯状环绕着耳朵的绕耳式两种，耳罩的内部一般填充海绵，外面蒙上皮革或绒布以求柔软舒适。耳罩使用的材料对高、中频有吸收作用，它使耳朵与振膜形成一段距离，并在耳机和头部间形成一个腔室。大型的绕耳式耳罩内部空间大，声音可以作用于耳廓，形成较好的空间感。

耳机的发声单元是耳机设计最复杂、技术含量最高的部分。不同类型的耳机其组成和工作原理上各有差异。

耳机的引线是耳机放大电路输出端与耳机音圈的连接线，优质耳机线常采用经过严格绝缘与屏蔽处理的多支线芯无氧铜线。耳机用的插头，有 6.35mm 和 3.5mm 两种规格，前者用于专业音频和民用音频设备，后者用于便携设备。

耳机、耳塞的工作特性举例，如表 8-2-3 所示。

表 8-2-3　耳机、耳塞的工作特性举例

名　称	电磁式耳机	电磁式耳塞	动圈式耳机
组成	由套有线圈的磁铁、导磁能力较好的振动膜和外壳等组成。振动膜在磁铁的吸引下平常略有弯曲		由磁铁、铁心、纸盆、音圈支架以及外壳等组成
结构示意图			
工作原理	当音频电流通过线圈时,电磁铁产生的交变磁场会使总磁场加强或减弱,振动膜在磁场力的作用下,会得到进一步弯曲或放松产生振动,使周围的空气发生相应的振动,从而发出声音		动圈式耳机和电动式扬声器的工作原理相同,但因尺寸限制,一般只有低阻抗耳机
主要参数	（1）阻抗：一般耳机的阻抗是在 1kHz 的频率下测定的,它是直流电阻和感抗的合成结果。高阻抗有 2kΩ、4kΩ,低阻抗有 8Ω、16Ω、25Ω 和 60Ω；高阻抗耳塞有 800Ω 和 1500Ω 等。 （2）灵敏度：向耳机输入 1mw 的功率时耳机所能发出的声压级（声压的单位是分贝,声压越大音量越大）,一般灵敏度越高、阻抗越小,耳机越容易出声、越容易驱动。 （3）频率响应：频率所对应的灵敏度数值,人类听觉所能达到的范围大约在 20Hz～20kHz,目前成熟的耳机工艺都已达到了这种要求		
注意事项	（1）根据使用的场合选用耳机； （2）电路的输出功率必须小于 1/4W,否则很容易损坏耳机； （3）要注意阻抗的匹配； （4）耳机应插入专门的插口,然后逐渐增大音量； （5）耳机、耳塞要注意防磁、防潮、及远离热源		

二、压电陶瓷发声元件

压电陶瓷发声元件是利用压电效应工作的声电间相互转换的两用器件,既可以作发声元件又可以作接收声音的元件。它主要在圆形薄金属底片上涂覆一层厚约 1mm 的压电陶瓷,再在陶瓷表面沉积一层涂银层,涂银层和薄金属底片就是它的两个电极。其中,薄金属片表面上紧密贴合的两片或多片压电陶瓷薄片相邻间的极化方向相反,且薄片的数量越多,声压越大。

当对压电陶瓷发声元件讲话时,它受到声波的振动而发生前后弯曲,在其两电极就会有音频电压输出。反之,把一定的音频电压加在压电陶瓷发声元件的两极,由于音频电压的极性和大小不断变化,压电陶瓷片就会产生相应的弯曲运动,推动空气发出声音。

新买来的压电陶瓷发声元件不带引线,需要自己焊接。一般采用多股软线,先剥头搪锡,焊接时要求速度快、焊点小,否则容易损坏压电陶瓷片娇嫩的镀银层。

利用压电陶瓷发声元件可以制成压电陶瓷扬声器及各种蜂鸣器,其特点是体积小、声音不如扬声器大,适用于体积要求小的音频电路,如音乐贺卡等。

压电陶瓷发声元件的应用与检测,如表 8-2-4 所示。

表 8-2-4　压电陶瓷发声元件的应用与检测

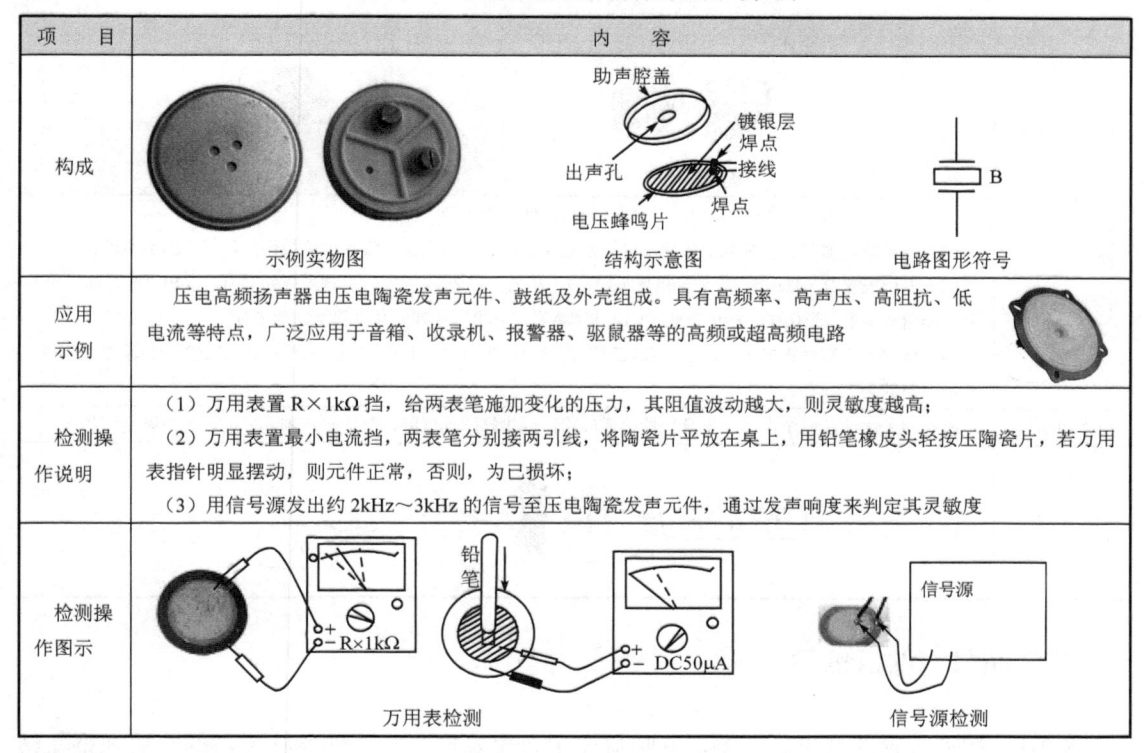

项　目	内　容
构成	示例实物图　　　　　结构示意图（助声腔盖、镀银层、焊点、出声孔、接线、电压蜂鸣片、焊点）　　　　　电路图形符号 B
应用示例	压电高频扬声器由压电陶瓷发声元件、鼓纸及外壳组成。具有高频率、高声压、高阻抗、低电流等特点，广泛应用于音箱、收录机、报警器、驱鼠器等的高频或超高频电路
检测操作说明	（1）万用表置 R×1kΩ 挡，给两表笔施加变化的压力，其阻值波动越大，则灵敏度越高； （2）万用表置最小电流挡，两表笔分别接两引线，将陶瓷片平放在桌上，用铅笔橡皮头轻按压陶瓷片，若万用表指针明显摆动，则元件正常，否则，为已损坏； （3）用信号源发出约 2kHz～3kHz 的信号至压电陶瓷发声元件，通过发声响度来判定其灵敏度
检测操作图示	万用表检测　　　　　信号源检测

三、蜂鸣器

蜂鸣器在电路中用文字符号"H"或"HA"表示，部分蜂鸣器的结构外形及电路图形符号，如图 8-2-3 所示。其体积大小不同，规格型号各异。按工作原理分为压电式和电磁式两种类型，其中压电式蜂鸣器型号编码，如图 8-2-4 所示；按音源的类型分为有源和无源两种类型，其识别与检测，如表 8-2-5 所示。

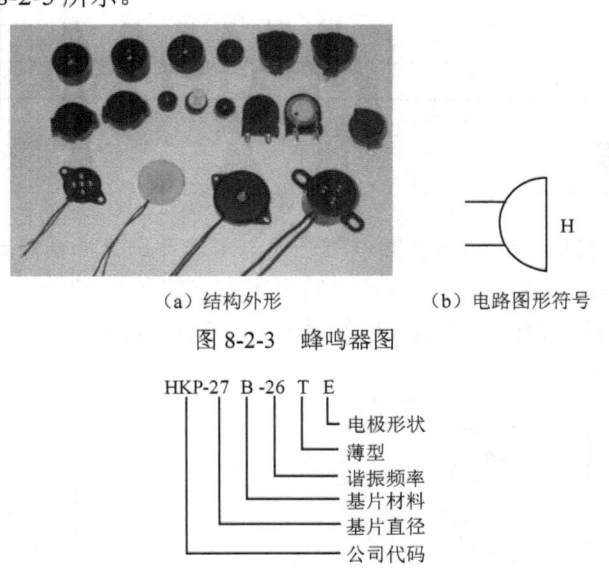

（a）结构外形　　　　　（b）电路图形符号

图 8-2-3　蜂鸣器图

HKP-27 B -26 T E
　　　　　　　　└ 电极形状
　　　　　　└ 薄型
　　　　└ 谐振频率
　　└ 基片材料
└ 基片直径
└ 公司代码

基片材料：B 为黄铜，S 为不锈钢；电极形状：E 为他激式，S 为自激式

图 8-2-4　压电式蜂鸣器型号编码

表 8-2-5 蜂鸣器的识别与检测

项　目	内　容
示例实物图	无源蜂鸣器　　　　　　　　　　有源蜂鸣器
识别	（1）从外观上看，两种蜂鸣器好像一样，但高度低者为无源； （2）将两蜂鸣器的引脚都朝上放置，有绿色电路板的一种为无源，没有电路板用黑胶封闭的为有源； （3）万用表置 R×1Ω 挡，黑表笔接蜂鸣器"+"引脚，红表笔在"-"引脚上来回触碰，发出"咔、咔"声，且电阻值有 8Ω（或 16Ω）的为无源；发出持续声音，且电阻值在几百欧以上的为有源。 （4）标签上注有额定电压，接上电源就可连续发声的为有源，和电磁扬声器一样需要接在音频输出电路中才能发声的为无源
操作说明	按标签上注明的额定电压及电源极性接通电路，或接好驱动电路，有蜂鸣声则是好的，无声则是坏的
操作图示	发出蜂鸣声　　　　　　　　　　6V

第三部分　课后练习

8-2-1. 找来闲置的耳机、耳塞、蜂鸣器先用万用表检测它的性能状况，拆开后观察其结构，并完成表 8-2-6 中的项目填写。

表 8-2-6　耳机、耳塞、蜂鸣器研究

项　目	内　容		
	耳　机	耳　塞	蜂鸣器
性能状况			
组成			
类型			

第三节　传声器

传声器就是把声音信号转换为音频电信号的电声器件，又称话筒或麦克风。一些传声器的外形结构，如图 8-3-1（a）所示；其在电路中用文字符号"B"或"BM"表示，也有的电路用文字符号"M"或"MIC"表示（旧符号）。电路图形符号如图 8-3-1（b）所示。

（a）外形　　　　　　　　　　（b）电路图形符号

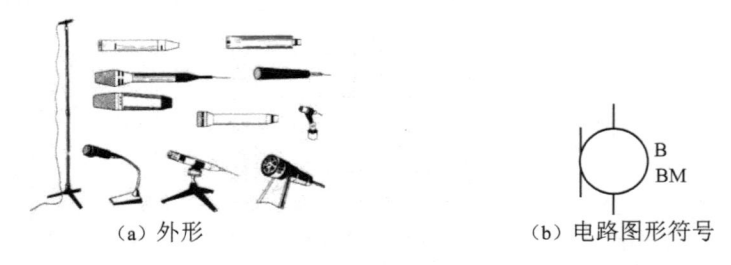

图 8-3-1　传声器

第一部分　实例示范

图 8-3-2 所示为几个不同型号的传声器，查出它们的类型名称，并将结果填入表 8-3-1 中。

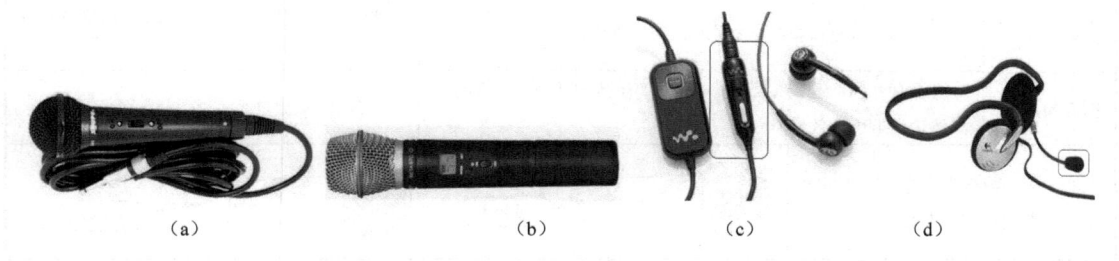

图 8-3-2　传声器图

表 8-3-1　传声器的类型名称

序　号	a	b	c	d
名　称	有线传声器	无线传声器	手机用传声器	电脑用传声器

第二部分　基本知识

一、传声器的分类

传声器的种类繁多，常用的传声器分类，如表 8-3-2 所示。应用最广泛的是动圈式和驻极体电容式两大类。

表 8-3-2　传声器的分类

分　类	按换能原理分		按指向性分	按声作用方式分	
名称	电容传声器	电容式	单向传声器	心型	压强式传声器
		驻极体电容式		超心型	压差式传声器
	电动传声器	动圈式		超指向	组合式传声器
		带式	双向传声器		线列式传声器
	压电传声器	晶体式	全向传声器		抛物线反射镜式传声器
		陶瓷式	可变指向性传声器		
		高聚物式			
	电磁传声器				
	碳粒传声器				
	半导体传声器				

二、传声器的主要参数

传声器的主要参数，如表 8-3-3 所示。

表 8-3-3　传声器的主要参数

主要参数	意　义	应　用
灵敏度	在一定声压作用下输出的信号电压，其单位为 mV/Pa	高阻抗传声器常以分贝（dB）表示

续表

主要参数	意　义	应　用
输出阻抗	在 1kHz 频率下测得的传声器输出端的交流阻抗。小于 2kΩ 为低阻抗传声器，大于 10kΩ 为高阻抗传声器	传声器线长在 10m 内，选用高阻抗传声器；10m～50m，选用低阻抗传声器
频率响应	传声器灵敏度和频率间的关系，即频率特性	普通传声器为 100Hz～10kHz，质量高的为 40Hz～15kHz
固有噪声	在没有外界声音、风振动及电磁场等干扰的环境下测得的传声器输出电压有效值	一般在 μV 数量级
注：大多数传声器将灵敏度和输出阻抗直接标在传声器上		

三、动圈式传声器

动圈式传声器的简介，如表 8-3-4 所示。

表 8-3-4　动圈式传声器

项　目	内　容
工作原理	动圈式传声器又称电动式传声器，由永久磁铁、音膜、音圈及输出变压器等部分组成，音圈处在永久磁铁的磁隙中，并与音膜黏结在一起。当有声波作用时，声波激发音膜振动，带动音圈作切割磁力线运动而产生感应电压，从而实现声—电转换。输出变压器的作用就是用来改变传声器的阻抗，以便与放大器的输入阻抗相匹配
构成	带线传声器实物图　　结构示意图　　传声器线插头
性能特征	（1）高阻传声器为 1kΩ～2kΩ，低阻传声器为 200Ω～600Ω。频率响应 200Hz～5kHz，质量高的可达 30Hz～18kHz。 （2）具有坚固耐用、工作稳定、单指向性、价格低廉等特点，适用于语言、音乐扩音和录音
检测操作说明	（1）万用表置 R×1Ω 挡，用两表笔触碰传声器的两引出端，若传声器中发出清脆的"喀、喀"声，则为正常；若无声，则说明传声器有故障。 （2）若传声器有故障，则可拆开进一步检测其输出变压器的初级线圈和音圈是否断线
检测操作图示	

四、驻极体电容式传声器

驻极体电容式传声器属于电容式传声器的一种，由声电转换和阻抗转换两部分组成，声电转换的关键元件是驻极体振动膜；结型场效应管放大器完成几十兆欧阻抗与放大器阻抗相匹配的阻抗转换。

利用电介质在外电场作用下会产生表面电荷，即使外电场消失，表面电荷仍会留驻在其上的特性。来构成驻极体。

在一极薄的塑料膜片的某一面，蒸发上纯金薄膜层，然后经高压电场驻极，使两面分别驻有异种电荷。膜片的蒸金面向外与金属外壳相通，另一面与金属极板之间用薄的绝缘衬圈隔开，在蒸金膜面与金属极板之间形成一个电容器，即构成驻极体振动膜。

（一）驻极体电容式传声器工作原理及结构

驻极体电容式传声器工作原理及结构如表 8-3-5 所示。

表 8-3-5　工作原理及结构

项　目	内　容
工作原理	当声波输入时，驻极体膜片随声波的强弱而振动，导致膜片的蒸金膜与金属极板所形成的电容器极板间的距离发生变化，因驻极体两侧的异种电荷量为固有常量，所以电容器的电场就会发生相应变化，产生随声波变化的音频电信号，该信号通过场效应管输出，从而完成声电转换
构成	示例实物图　　驻极体头　　结构示意图
性能特征	具有体积小、结构简单、电声性能好、价格低等特点，被广泛用于盒式录音机、无线传声器及声控等电路中

（二）驻极体电容式传声器的输出方式及检测

驻极体电容式传声器的输出方式及检测如表 8-3-6 所示。

表 8-3-6　驻极体电容式传声器的输出方式及检测

项　目	源极输出	漏极输出
组成说明	传声器底部有三个接点，分别对应的是源极 S、漏极 D 和接地端，其中与金属外壳相连的是接地端	传声器底部只有两个接点，分别是漏极 D 和接地端，源极 S 已在内部与接地端相连，其中与金属外壳相连的是接地端
示意图		
典型电路		
特性	输出阻抗小于 2kΩ、电路比较稳定、动态范围大，但输出信号较弱	增益较高，但动态范围较源极输出要小

续表

项 目	源极输出	漏极输出
检测操作说明	万用表置 R×1kΩ 挡，黑表笔接传声器的 D 端，红表笔同时接 S 端和接地端。向传声器发声，万用表指针有指示，则为正常；若无指示，则说明传声器有问题。 同类型传声器比较，指针偏转越多，说明传声器灵敏度越高	万用表置 R×1kΩ 挡，黑表笔接传声器的 D 端，红表笔接接地端，然后按与源极输出相同的方法进行检测
检测操作图示	（吹气，地，短路线，有指示，R×1kΩ 图示）	（吹气，S，D，有指示，R×1kΩ 图示）

第三部分　课后练习

8-3-1．找来闲置的传声器先用万用表检测它的性能状况，拆开后观察其结构，并完成表 8-3-7 中的项目填写。

表 8-3-7　传声器研究

类　型		
性能状况		
组　成		
输出方式		

第九章 谐振元件

由物理学可知,按照一定轴向切割下来的石英单晶(水晶)片,具有高稳定的物理化学性能与弹性振动损耗极小的特性。若在晶片的两极板间加上电场,晶体就发生机械变形;若在两极板间施加力的作用,晶体就会在相应的方向上产生电场。这种现象称为压电效应,如图 9-1-1(a)所示。若在极板间加交变电压,晶体就会发生机械振动,同时机械振动又会产生交变电场。一般情况下这种机械振动的振幅和交变电场的幅值都非常微小,但当外加交变电压的频率与晶体的固有频率或谐振频率(晶体的尺寸决定)相等时,振动会变得很强烈,这就是晶体的压电谐振特性,如图 9-1-1(b)所示。

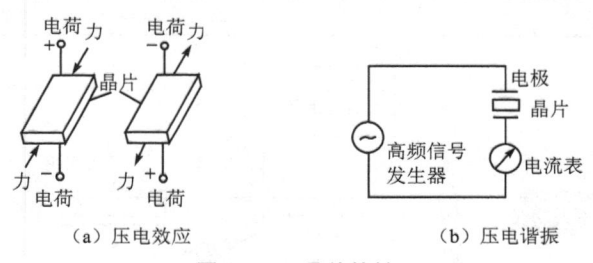

(a)压电效应　　　　　　(b)压电谐振

图 9-1-1　晶体特性

取代分立元件组成的 LC 谐振回路、滤波器电路等的石英晶体谐振元件和陶瓷谐振元件都是利用压电效应而制成的,它们具有体积小、重量轻、可靠性高、振动频率极稳定、不需要调整及不受外界环境变化影响等优点,被广泛应用于无线电、通信、钟表、各种电子设备及家用电子产品中。

第一节　石英晶体

石英晶体即石英晶体谐振器,俗称晶振。它是构成各种高精度振荡器的核心元件,具有品质因数高(一般可达 $10^4 \sim 10^6$),频率与温度的稳定性好等特点。石英晶体作为单独元件使用,就是石英晶体谐振器;若把它与半导体器件及阻容元件组合使用,就构成了石英晶体振荡器。石英晶体振荡器一般都封装于金属盒内,金属盒外留供外电路连接的功能引脚。

第一部分　实例示范

图 9-1-2 所示为几个不同型号的石英晶体,查出它们的用途,并将结果填入表 9-1-1 中。

图 9-1-2 石英晶体图

表 9-1-1 石英晶体的用途

序号	a	b	c	d
用途	电子钟用	彩色电视机用	手机用	笔记本电脑用

第二部分 基本知识

一、石英晶体谐振器

石英晶体谐振器简介,如表 9-1-2 所示。

表 9-1-2 石英晶体谐振器

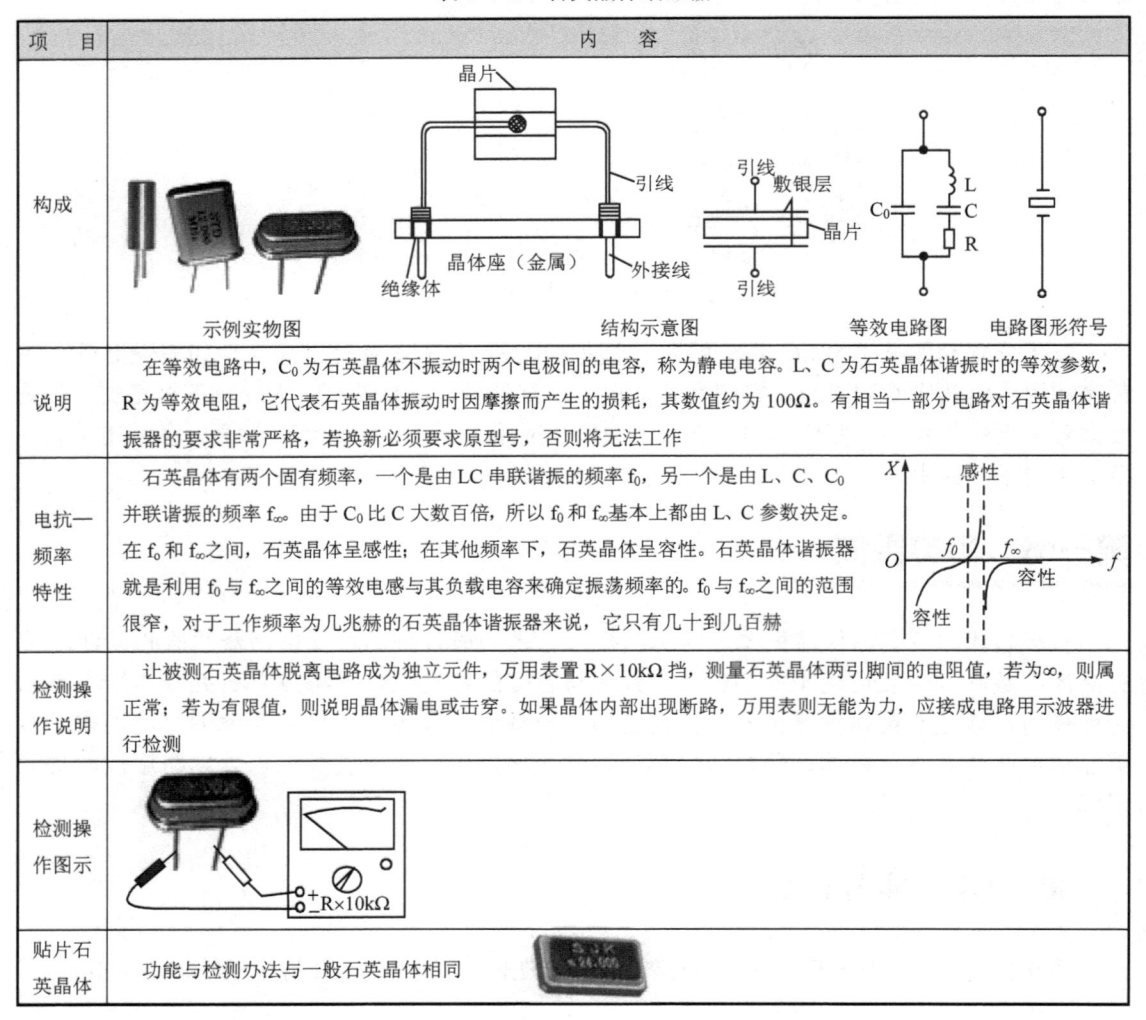

项目	内容
构成	示例实物图　　结构示意图　　等效电路图　　电路图形符号
说明	在等效电路中,C_0 为石英晶体不振动时两个电极间的电容,称为静电电容。L、C 为石英晶体谐振时的等效参数,R 为等效电阻,它代表石英晶体振动时因摩擦而产生的损耗,其数值约为 100Ω。有相当一部分电路对石英晶体谐振器的要求非常严格,若换新必须要求原型号,否则将无法工作
电抗—频率特性	石英晶体有两个固有频率,一个是由 LC 串联谐振的频率 f_0,另一个是由 L、C、C_0 并联谐振的频率 f_∞。由于 C_0 比 C 大数百倍,所以 f_0 和 f_∞ 基本上都由 L、C 参数决定。在 f_0 和 f_∞ 之间,石英晶体呈感性;在其他频率下,石英晶体呈容性。石英晶体谐振器就是利用 f_0 与 f_∞ 之间的等效电感与其负载电容来确定振荡频率的。f_0 与 f_∞ 之间的范围很窄,对于工作频率为几兆赫的石英晶体谐振器来说,它只有几十到几百赫
检测操作说明	让被测石英晶体脱离电路成为独立元件,万用表置 R×10kΩ 挡,测量石英晶体两引脚间的电阻值,若为 ∞,则属正常;若为有限值,则说明晶体漏电或击穿。如果晶体内部出现断路,万用表则无能为力,应接成电路用示波器进行检测
检测操作图示	
贴片石英晶体	功能与检测办法与一般石英晶体相同

二、石英晶体谐振器的主要参数

石英晶体谐振器的主要参数，如表 9-1-3 所示。

表 9-1-3　石英晶体谐振器的主要参数

主要参数	意　义
标称频率	在规定的条件下，谐振器的谐振中心频率
基准温度	测量参数时指定的环境温度。恒温型一般为工作温度范围的中心点；非恒温型为 25℃±2℃
调整频差	规定的条件下，基准温度时的工作频率相对标称频率的最大偏移值
温度频差	某温度范围的频率相对基准温度的频率的最大偏移值，即频率漂移
负载谐振电阻	谐振器与指定外部电容器相串联，在负载谐振频率时的电阻值
静态电容	谐振器两引脚间的静态电容
负载电容	与谐振器一起决定负载谐振频率的有效外界电容。常用的标准值有 12pF、16pF、20pF、30pF、50pF 和 100pF。它可以根据具体情况作适当的调整，通过调整一般可以将谐振器的工作频率调整到标称值
激励电平	石英晶体工作时消耗的有效功率，常用标准值有 0.1mW、0.5mW、1mW、2mW 和 4mW。激励强时容易起振，但老化加快，甚至震碎晶体；激励太弱时频率稳定性变差，甚至不起振
老化率	随时间的增长由石英晶体老化变化而产生的误差
温度范围	工作状态下环境温度允许变化的范围

三、石英晶体谐振器型号命名方法

石英晶体谐振器的型号命名由三部分组成，如表 9-1-4 所示。

表 9-1-4　石英晶体谐振器的型号命名

第一部分		第二部分		第三部分
用字母表示外壳的形状与材料		用字母表示石英片切割取向的类型		用阿拉伯数字表示引脚特征
符号	意　义	符号	意　义	
A	矩形玻壳	A	AT 切型	偶数为软脚 奇数为硬脚
B	圆形玻壳	B	BT 切型	
C	平板陶瓷壳	C	CT 切型	
J	矩形金属壳	D	DT 切型	
S	圆形塑料壳	W	X 切型（弯曲振动）	
		X	X 切型（伸缩振动）	

例：JA5—AT 切矩形金属壳硬脚谐振器；BX1—X 切（伸缩振动）硬脚谐振器。

四、石英晶体谐振器举例

一些专用的石英晶体谐振器用途举例，如表 9-1-5 所示。

表 9-1-5　石英晶体谐振器用途举例

型　号	标称频率	用　途	示例实物图
JU1、JU2 型	32.768kHz	电子手表用，也适用于其他电子设备中	
JA18A、JA25A 型等	4433.619kHz 3579.545kHz	彩色电视机及数字电视机和图文电视机生产的配套产品	

续表

型号	标称频率	用途	示例实物图
JA98D、JA98E 型等	3000kHz~19000kHz	具有优良的频率温度特性,适用于小型无线移动通信电台,作为稳定频率振荡器用	
JA44 型等	3000kHz~25000kHz 25MHz~75MHz	适用于无线电对讲机及无线电遥控模型	
JA95、JA96 型等	1800kHz~25000kHz	微处理器专用配套产品,也适用于其他电子设备、电子仪器作为频率及时间标准	

五、石英晶体振荡器

由石英晶体构成的振荡器一般可分为并联谐振型晶体振荡器和串联谐振型晶体振荡器两种,如表 9-1-6 所示。

表 9-1-6 石英晶体振荡器

项目	内容	
名称	并联型晶体振荡器	串联型晶体振荡器
简介	石英晶体工作在 f_0 与 f_∞ 之间,利用晶体作为一个电感器来组成振荡器	石英晶体工作在串联谐振频率 f_0 处,利用晶体的阻抗最小的特性来组成振荡器
电路图	(电路图)	(电路图)
应用举例	由石英晶体谐振器组成的振荡器,其振荡频率与电路中的 R、C 元件无关,仅取决于石英晶体的谐振频率。变换石英晶体谐振器,振荡器的振荡频率便可在 1MHz~20MHz 内选择	(电路图:R_1 1kΩ,R_2 1kΩ,C_1 0.047μF,IC 7400,C_2 0.047μF,1MHz~20MHz,U_0)

六、使用注意事项

1. 选用正规厂家的产品,只要产品质量好,用在电路中就不会出现频率不稳的现象。
2. 拿取石英谐振器时,不要跌落到硬地面上或受到强烈冲击,否则容易破坏其内部结构。
3. 有石英晶体谐振器的印制电路板,最好不要用超声波进行清洗,以免晶体遭到破坏。
4. 焊接石英晶体谐振器时,电烙铁不应漏电,其外壳应有良好的接地。
5. 供电电源应接有能消去浪涌脉冲的合适滤波电容器。
6. 注意晶振的温度范围,特别是使用高精度晶振构成的高精度、高稳定度振荡器时,一定要选好其温度的适用范围,并在电路中加合适的恒温措施。

第三部分　课后练习

9-1-1．找来闲置的电子手表、电视机遥控器研究它们的谐振器，用万用表检测其性能状况，不能用的还可拆开观察其结构，并完成表 9-1-7 中的项目填写。

表 9-1-7　石英晶体谐振器研究

项　目	内　容
谐振频率	
性能状况	
组成	

第二节　滤波器

在通信、信号检测、自动控制等电路中，所接收到的信号通常都很微弱，且还混杂有无用或有害的信号，这都会影响电路的正常工作。为了消除这些影响，就需要用到滤波器。滤波器就是能够过滤波动信号的器具，它能从具有各种不同频率成分的信号中，取出（过滤出）具有特定频率成分的信号。

在所有的电子部件中使用最多、技术最复杂的属滤波器，它的优劣直接决定产品的质量，对滤波器的研究和生产历来为各国所重视。

第一部分　实例示范

图 9-2-1 所示为几个不同型号的滤波器，查出它们的类别或用途，并将结果填入表 9-2-1 中。

(a)　　　(b)　　　(c)　　　(d)

图 9-2-1　滤波器图

表 9-2-1　滤波器的类别或用途

序　号	a	b	c	d
类别或用途	陶瓷滤波器	电视机伴音用陶瓷滤波器	通讯机用陶瓷滤波器	电视机用声表面波滤波器

第二部分　基本知识

一、滤波器的分类

滤波器的种类较多，常用的分类如表 9-2-2 所示。

表 9-2-2　滤波器的分类

分　类	名　称
按元件分	有源滤波器、无源滤波器、晶体滤波器、陶瓷滤波器、机械滤波器、锁相环滤波器等
按处理信号类型分	模拟滤波器、数字滤波器
按选择物理量分	频率选择滤波器、幅度选择滤波器、时间选择滤波器、信息选择滤波器
按通频带分	低通滤波器、高通滤波器、带通滤波器、带阻滤波器（又称陷波器）
按滤波特性分	最大平坦型滤波器、等波纹型滤波器、线性相移型滤波器等
按运放电路构成分	无限增益单反馈环型滤波器、无限增益多反馈环型滤波器、压控电源型滤波器、负阻变换器型滤波器、回转器型滤波器等
按特殊功能分	线性相移滤波器、延时滤波器、网络滤波器、声表面波滤波器等

二、石英晶体滤波器

用石英晶体谐振器组成的滤波器可以取代多种 LC 谐振回路构成的滤波器，完成选频作用。使有用信号频率能顺利通过，而将无用及有害信号的频率滤去或有较大的衰减。在频率选择性和稳定性等诸多方面石英晶体滤波器都极大优于 LC 谐振回路，已广泛应用于通信、导航、测量等电子设备中。常用的石英晶体滤波器举例，如表 9-2-3 所示。

表 9-2-3　石英晶体滤波器

名　称	单片石英晶体滤波器	带通晶体滤波器	带阻晶体滤波器
简介	在一个晶体片上集成了全部滤波网络，不须任何外加器件，又称集成滤波器	频率在某一个通频带范围内的信号能通过，而在此之外的频率不能通过的滤波器	频率在某一频带范围内的信号不能通过，而在此之外的频率则能通过的滤波器
示例实物图			

三、陶瓷滤波器

陶瓷滤波器由压电陶瓷材料制成，是一种与石英晶体滤波器相类似的滤波元件，具有与石英晶体谐振器一致的电抗—频率特性，有二端和三端两种结构，在电路中用文字符号"Z"或"ZC"表示。具有体积小、品质因数高、损耗小、通频带宽、选择性好、性能稳定、不用调整以及生产工艺简单等特点，广泛应用于各种电子设备中。常用陶瓷滤波器简介，如表 9-2-4 所示。

表 9-2-4　陶瓷滤波器

项　目	两端陶瓷滤波器	三端陶瓷滤波器
简介	相当于一个 LC 单调谐回路，其谐振曲线尖锐，但有通频带窄和矩形系数差等缺点	等效于一个双调谐回路，其通频带宽、矩形系数较好，性能比两端陶瓷滤波器优越
构成图	示例实物图　等效电路图　电路图形符号	示例实物图　等效电路图　电路图形符号

续表

项目	两端陶瓷滤波器	三端陶瓷滤波器
检测操作说明	让被测陶瓷滤波器脱离电路成为独立元件，万用表置 R×10kΩ 挡，测量其各引脚间的电阻值，若为∞，则属正常；若为有限值，则说明被测陶瓷滤波器有漏电现象；若为零，则说明其内部短路。如果陶瓷滤波器内部出现断路，万用表则无能为力，可通过搭接实用电路来进行判断	
检测操作图示		
应用	常用的二端陶瓷滤波器有 465kHz 和 6.5MHz 两种固定频率，使用时两个引脚不用区分；三端陶瓷滤波器有 465kHz、6.5MHz 和 10.7MHz 三种固定频率（收音机、电视机用），使用时 1 与 2 脚不用区分，但 3 脚必须接地	

四、声表面波滤波器

声表面波是指声波在弹性体表面的传播，这种波被称为弹性声表面波，其传播速度约为电磁波的十万分之一。声表面波滤波器（SAWF 或 SAW）是利用某些石英晶体、压电陶瓷的压电效应和声表面传播的物理特性而设计的一种滤波专用器件。广泛应用于电视机及录像机的中频输入电路作选频元件，取代中频放大器的输入吸收回路和多级调谐回路，大大提高了图像和声音的质量。声表面波滤波器简介，如表 9-2-5 所示。

表 9-2-5 声表面波滤波器

项目	内容
结构简介	由在一块具有压电效应的材料基片上蒸发一层金属膜，经光刻后，在两端各形成一对梳状电极所构成。梳状电极就是换能器，即将电能转换成声能，将声能再转换成电能，以完成滤波的作用
构成	示例实物图　　　　　　　结构示意图
工作原理	当信号电压加到声表面波滤波器的输入端时，输入端梳状电极间的压电材料表面将产生与外加信号频率相同的机械振动信号。振动信号以声波的速度在压电基片表面向左右两边传播，向边缘一侧的能量由吸声体吸收；传到输出端时，由输出端梳状电极将机械振动再转化为电信号输出。在信号的电能—声能—电能变换过程中，将中频信号中的有用成分选出，对无用信号进行衰减和滤去
电路图形符号	电路图形符号不统一，在不同时期、不同厂家、不同机型的电路原理图中可能采用不同的符号

续表

项 目	内 容
接线方式	(图示)
性能特点	(1) 选择性一般可达 140dB 左右，能确保图像的清晰度； (2) 频带宽、动态范围大、中心频率不受信号强度的影响，能确保图像、声音的正常传输； (3) 性能稳定、可靠性高、抗干扰能力强、不易老化； (4) 体积小、使用方便、无需调节，装配时只需插入和焊接即可； (5) 使用时需在前级加宽频带放大器，以补偿较大的插入损耗
检测操作说明	让被测声表面波滤波器脱离电路成为独立元件，万用表置 R×10kΩ 挡，测量输入电极 2 与其他输入电极和输出电极之间的电阻值，若为∞，则属正常；若为有限值或为零，则说明滤波器漏电或击穿。 电极 1 和电极 3 都与金属外壳相连
检测操作图示	(图示)
应用	标称频率有 37MHz 和 38MHz 两种。常用的型号有 LBN38T1～LBN38T5、LBN38H1～LBN38H5、LB38S1、LBD38M、LSN-37-S、KSN-37T01、CE40050603、F1036C、EX0050XS、HW-2043、F1029、H37MV270、HW2040～HW2043 等

第三部分　课后练习

9-2-1. 认识不同的滤波器，完成表 9-2-6 中的项目填写。

表 9-2-6　滤波器的认识

项　目	内　容
类型	
标称频率	
性能状况	

第十章　开关与接插件

在常用的电气设备和电路中，有的组成部分是固定不变的，也有的组成部分是需要按照要求而时有改变的。对于时有改变的部分（不仅是状态），往往要用开关和接插件来完成。一般情况下，要求开关的寿命较高，总的工作次数也比接插件多，但并不是说在任何时候都这样。

开关和接插件的规格种类是非常多的。这里介绍的只是常用的、较典型的开关和接插件产品。

第一节　普通开关

开关是一种在电路中起控制、选择和连接等作用的器件，它不仅仅只限于一个电路通、断或转换的完成，而且可能是多个电路的同时改变，这种改变可能还有几种选择。在电路中用文字符号"S"或"SA"、"SB"（旧标准用"K"）表示，其电路图形符号如图 10-1-1 所示。

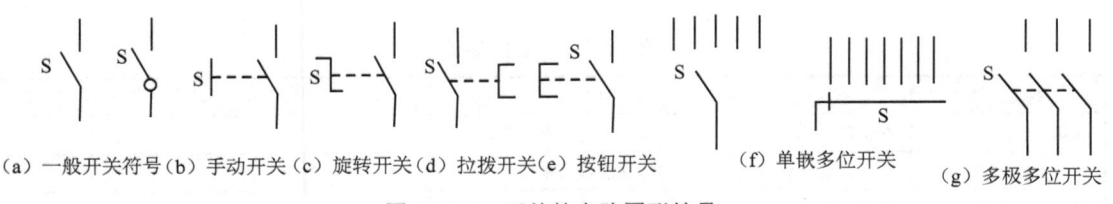

(a) 一般开关符号 (b) 手动开关 (c) 旋转开关 (d) 拉拨开关 (e) 按钮开关　(f) 单嵌多位开关　(g) 多极多位开关

图 10-1-1　开关的电路图形符号

第一部分　实例示范

图 10-1-2 所示为几个不同类型的开关，查出它们的名称，并将结果填入表 10-1-1 中。

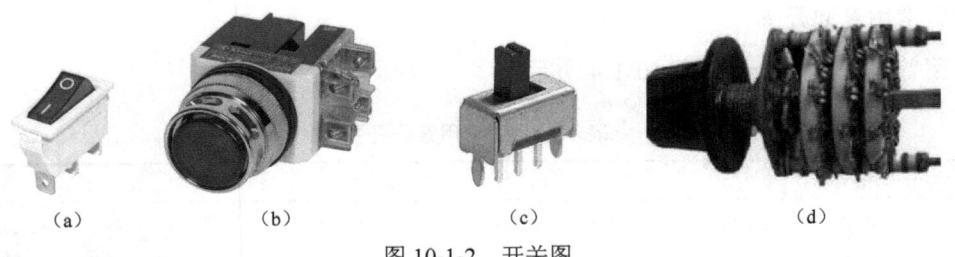

(a)　(b)　(c)　(d)

图 10-1-2　开关图

表 10-1-1　开关的名称

序号	a	b	c	d
名称	波动开关	按钮开关	拨动开关	旋转开关

第二部分　基本知识

一、开关的种类

开关的种类很多，可以根据其结构特点、极数、位数、用途等进行分类。在电子装置和设备中应用最多的是机械开关，还有一些专用开关。常用种类如表 10-1-2 所示。

表 10-1-2　常用开关的种类

类别	开关		机械开关		滑动开关
分类依据	按功能分	按极数、位数分	按结构特点分	按特性及尺寸大小分	按操作方式分
名称	机械开关	单极单位开关	滑动开关	电源开关	拨动开关
	舌簧开关	双极双位开关	波动开关	高压开关	杠杆开关
	薄膜开关	单极多位开关	波段开关	普通开关	推动开关
	电子开关	多极单位开关	按钮开关	微型开关	旋转开关
	定时开关	多极多位开关	按键开关		
	接近开关		微动开关		
	水银开关		钮子开关		

二、开关的主要参数

开关的主要参数，如表 10-1-3 所示。

表 10-1-3　主要参数

主要参数	意义
容量	在正常工作状态下可容许的电压、电流及负载功率
最大额定电压	在正常工作状态下开关允许施加的最大电压
最大额定电流	正常工作状态下开关所允许通过的最大电流
接触电阻	开关接通时，两个触点导体间的电阻值。一般机械开关在 $2\times10^{-4}\Omega$ 以下
绝缘电阻	对指定的导体间绝缘体所呈现的电阻值。一般开关均大于 $100M\Omega$
耐压或抗电强度	指定的不相接触的导体之间所能承受的电压。一般应大于 $100V\sim500V$
寿命	在正常条件下能工作的有效使用次数。通常为 5×10^3 次 $\sim 10^4$ 次，较高要求为 5×10^4 次 $\sim 5\times10^5$ 次

三、常用普通开关

常用普通开关简介，如表 10-1-4 所示。

表 10-1-4　常用普通开关

名称	简介	示例实物图
钮子开关	钮子开关具有接触可靠、操作方便、安装容易等特点，通常有单极双位或双极双位。 适用于家用电器、仪器仪表及各种电子设备中换接电路和作电源开关	

第十章　开关与接插件

续表

名　称	简　介	示例实物图
波动开关	又称船形开关、跷板开关或按动开关，它通过按压开关上的跷板来完成工作状态的转换。有大型、中型、微型或单极单位、单极双位及双极双位之分，具有通断容量大、性能可靠、安全性好等特点，适用于家用电器及仪器仪表等电子产品中的电源电路及工作状态的转换	
按钮开关	有自锁和无锁自复位之分。无锁自复位开关，手按下时开关动作，手松开，开关便自行复位；自锁开关按一下即接通或断开自锁，再按一下便复位到初始状态。有的还带指示灯，开关接通时，指示灯亮。 按钮开关性能可靠、安装方便，适用于各种仪器仪表及电子设备中的电源电路及工作状态的转换	
按帽开关	属微型按钮式开关，具有手感轻、行程短等特点，适用于各种电子装置的数字电路	
按键开关	通过按动按钮来转换接点的工作状态，完成电路接通或断开，有单键式和多键组合式两种。多键组合式工作时只允许其中一个按键按下，当再有任意一个按键按下时，其余按键都会被弹起。适用于电视机、收录机、洗衣机等	
拨动开关	通过拨动操作杆来改变接点工作状态（接通、断开），从而达到切换电路目的。有单极双位、单极三位、双极双位和双极三位等，具有性能稳定、使用方便等特点，适用于家用电器、玩具及仪器仪表等电路	单排式　双排式
微动开关	一种通过小行程、小作用力，使电路接通或断开的小电流开关器件，适用于各种自动控制装置	
杠杆开关	操作手柄与开关滑动杆用杠杆轴式连接，扳动操作手柄，就会带动开关滑动杆运动，变换工作状态，从而改变电路工作方式。 开关具有拨动省力、定位可靠、构成位数多、使用方便、可焊接在印制电路上等特点，适用于收音机、收录机及各种音响设备作波段开关、声道转换开关、功能换切开关、磁带选择开关以及杜比降噪开关等。 开关按照触点结构可分为Ⅰ型和Ⅱ型两种。Ⅰ型每四个引脚为一组，每一组开关都有一个动触片、一个刀触片和三个定触片。动触片跟随操作手柄的扳动而移动三个格，转换出A、B、C三种位置	A B C 1 2 0 3 1 2 0 3 1 2 0 3 动触片 1 2 0 3　0 刀触片 1 2 3　位触片
片式开关	功能与检测同一般微型开关	

四、旋转开关

旋转开关又称波段开关或旋转式波段开关，适用于收音机、收录机、电视机及各种仪器仪表。旋转开关简介，如表 10-1-5 所示。

表 10-1-5　旋转开关

项　目	内　容
简介	由高频陶瓷或环氧玻璃布胶板制成的绝缘基片、跳步定位机构、旋转轴、开关动片、定片以及其他固定件组成。 铆接在轴上的绝缘体上能随开关旋转轴一起转动的金属片为开关动片；固定在绝缘基体上不动的接触片为定片。始终和开关动片相连的定片叫"刀"，一般用 D 表示；其他的定片叫"位"或者"掷"，用 W 表示
构成	固定件　开关组件　跳步定位机构　"刀"（用 D 表示）　绝缘基片　定片　"掷"（用 W 表示）　旋转轴　开关动片
极数与位数	旋转开关的"刀"代表着开关的极数，即开关可同时接通电路中多少个点；"位"代表开关可以切换电路的次数。 旋转开关还可组成为多层式开关组件，当旋转转轴时它们就同步地进行开关动作。开关上的动片数目和位数，决定着开关的规格和用途
组件结构图	一刀十一掷　　二刀五掷　　三刀三掷　　四刀二掷
应用	高频陶瓷基片制作的旋转开关适用于高频和超高频电路；环氧玻璃布胶板制作的旋转开关适用于高频和一般电路
外形图	封闭式结构　　　敞开式结构
示例实物图	二层波段开关　　三层波段开关　　多层波段开关

第三部分　课后练习

10-1-1．调研身边使用的开关，并将结果填入表 10-1-6 中。

表 10-1-6　常用普通开关调查

名　称	应用设备	应用场所

第二节　智能开关

伴随着数码技术的应用，智能开关的发展速度越来越快，给家居生活智能化带来了光明前景，给机械开关的更新换代提供了契机。

第一部分　实例示范

图 10-2-1 所示为几个不同类型的智能开关，查出它们的名称，并将结果填入表 10-2-1 中。

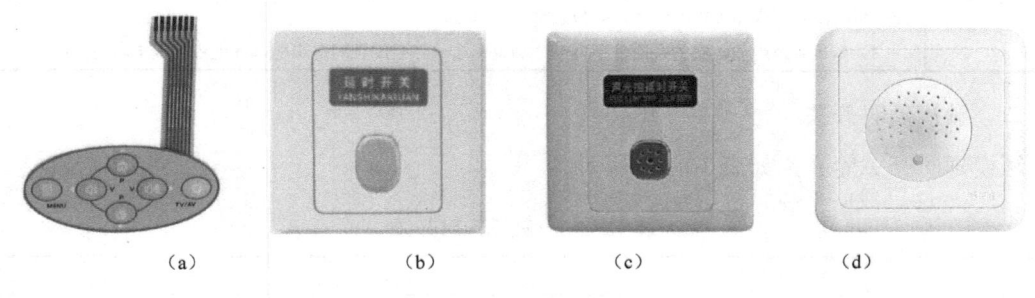

(a)　(b)　(c)　(d)

图 10-2-1　智能开关图

表 10-2-1　智能开关的名称

序　号	a	b	c	d
名　称	薄膜开关	触摸延时开关	声、光控制延时开关	红外感应延时开关

第二部分　基本知识

一、薄膜开关

薄膜开关简介，如表 10-2-2 所示。

表 10-2-2　薄膜开关

项　目	内　容
简介	又称触摸开关或轻触式键盘，是采用 PC、PVC、PET、FPC 及双面胶等软性材料，运用丝网印刷技术制作而成的多平面组合密封的集按键开关、开关线路、文字图形标记、读数显示透明窗、指示灯、透明窗、面板装饰等功能于一体的新型电子器件。适用于机电一体化产品、计算机、电子设备、医疗仪器、高档家用电器、工控设备、塑胶工业设备、模具工业设备、程控通讯等。 薄膜开关由引出线、上部电极电路、下部电极电路、中间隔离层及面板层等构成。背面有强力压敏胶层，将防粘纸撕掉后，便可贴在仪器的面板上，且开关的引出线为薄膜导电带，并配以专用插座连接

续表

项目	内容
构成	示例实物图　　　　　　　　电路图
主要特点	密封性好、重量轻、体积小、低电压、低电流、性能稳定可靠、防水、防尘、防油、防有害气体侵蚀、寿命长、面板可洗涤、字符不受损伤、色彩丰富、美观大方，而且价格低，可信赖性高等
类型	平面轻触开关、平面手感开关、凹凸立体开关、发光二极管（LED）型薄膜开关、高透明型薄膜开关
检测操作说明	（1）万用表置 R×10Ω 挡，两表笔分别接引线 1 和 5，用手指按下数字键 1 时，电阻值应为零，说明 1 与 5 接通，松开手指，指针指向∞。其余类推。 （2）万用表置 R×10kΩ 挡，开关上的按键均处在抬起状态。将一表笔接引线 1，另一表笔依次去触碰 2 与 3 引线；万用表指针均应指∞，则为正常。其余类推； （3）如果某对引线之间的电阻值不为∞，则说明这一对引线之间有漏电，漏电程度视电阻的大小而定

二、触摸延时开关

触摸延时开关简介，如表 10-2-3 所示。

表 10-2-3　触摸延时开关

项目	内容
简介	触摸延时开关一般由金属片、三极管放大器、三极管开关电路、延时电路及晶体闸流管等组成
工作原理	当人的手接触金属片时，人体所带有的电荷就经手转移到金属片上，此时所形成的瞬间电流经放大后推动三极管的开关电路，其开关信号可以控制晶体闸流管的导通和关断，并与延时电路一起控制触摸式延时照明电路
应用	示例实物图　　　　电灯泡接线图　　　　底座壳图 操作示意图

三、声、光控制延时开关

声、光控制延时开关简介，如表 10-2-4 所示。

表 10-2-4　声、光控制延时开关

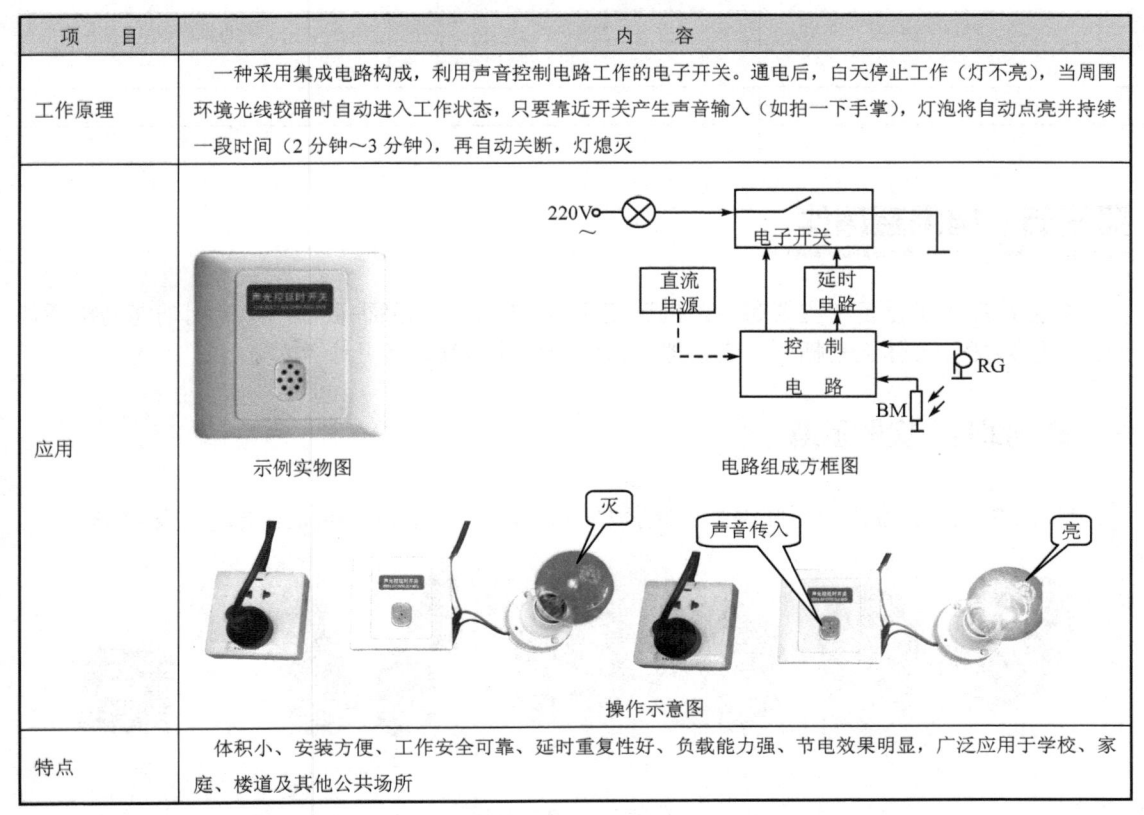

项目	内容
工作原理	一种采用集成电路构成，利用声音控制电路工作的电子开关。通电后，白天停止工作（灯不亮），当周围环境光线较暗时自动进入工作状态，只要靠近开关产生声音输入（如拍一下手掌），灯泡将自动点亮并持续一段时间（2 分钟～3 分钟），再自动关断，灯熄灭
应用	示例实物图　　电路组成方框图　　操作示意图
特点	体积小、安装方便、工作安全可靠、延时重复性好、负载能力强、节电效果明显，广泛应用于学校、家庭、楼道及其他公共场所

四、人体红外感应开关

人体红外感应开关简介，如表 10-2-5 所示。

表 10-2-5　人体红外感应开关

项目	内容
工作原理	当有人进入开关感应范围内时，专用传感器探测到人体红外光谱的变化，开关就自动接通负载；人在感应范围内活动并不离开，开关就始终接通；在人离开后，开关延时并自动关闭负载
应用	示例实物图　　操作示意图
适用范围	适用于走廊、楼道、卫生间、地下室、仓库、车库等场所的自动照明、排气扇的自动抽风以及其他电器的自动控制等功能，同时还可用于防盗等

第三部分　课后练习

10-2-1. 调研身边使用的智能开关，并将结果填入表 10-2-6 中。

170　　电子材料与元器件

表 10-2-6　智能开关研究

类　型	应用场所	性能状况

第三节　常用接插件

接插件在电子设备中主要起电路的连接作用，因而它的品种很多，除专用功能的接插件外，一般接插件大体上有插座、连接器、接线板和接线端子等几个类型。

第一部分　实例示范

图 10-3-1 所示为几个不同类型的接插件，查出它们的名称，并将结果填入表 10-3-1 中。

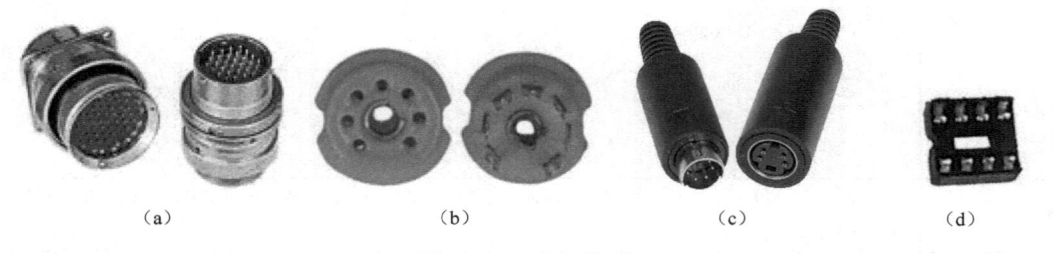

　　　　(a)　　　　　　　　(b)　　　　　　　　(c)　　　　　　　　(d)

图 10-3-1　接插件图

表 10-3-1　接插件的名称

序　号	a	b	c	d
名　称	圆形连接器	电子管座	圆型插头座	集成电路插座

第二部分　基本知识

一、接插件简介

（一）插座

插座是用来完成电子设备中电子器件和电路的连接作用的。如电视机中显像管插座就是连接显像管与电路的器件；集成电路插座是连接集成电路与电路的器件，克服了集成电路因引脚过多而不易拆装的困难；印制电路板插座是连接印制电路与底盘电路或其他电路的器件。

（二）连接器

连接器是装接在电缆或电子设备上可重复地进行连接和分离的器件，由插头和插座两部分组成。根据使用场合的不同，其分类如表 10-3-2 所示。

表 10-3-2 连接器的分类

名　称	简　介	用　途
同心连接器	小型的插头座式连接器，其体积小且兼有开关的功能	适用于耳机、话筒及外接电源等低频电路
条列式连接器	条列式连接器的引线数目一般为数十个以下	适用于印制电路板与设备中器件的电路连接
印制电路连接器	连接印制板电路的器件	适用于电气或电子设备
带状电缆连接器	插座直接焊接在印制电路板上，插头与带状电缆采用穿刺压接	适用于仪器仪表电路的连接
圆形连接器	插头、插座采用螺纹连接，接线端子从两个到上百个不等	体积小、可靠性高，适用于电子设备之间电缆连接
矩形连接器	插头和插座采用螺纹导杆连接，并有锁紧装置	适用于电子设备、智能仪器仪表及电子控制设备的电气连接
耐水压密封连接器	多为圆形连接器	适用于水中或恶劣环境条件下工作的电路连接
射频同轴连接器	一种小型螺纹连接锁紧式连接器，具有体积小、重量轻、使用方便等特点，工作频率一般可高达 500MHz	适宜在无线电设备和电子仪器的高频电路中作连接射频电缆用

（三）接线板

用于电路中线间连接的器件。

（四）接线端子

接上导线后，直接固定在接线柱或接线板上再与电路进行连接的器件。

（五）接插件的图形符号

接插件的图形符号，如图 10-3-2 所示。

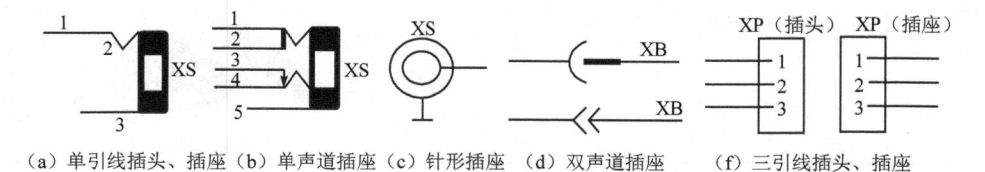

（a）单引线插头、插座　（b）单声道插座　（c）针形插座　（d）双声道插座　（f）三引线插头、插座

图 10-3-2　接插件的图形符号

（六）接插件的主要参数

接插件的主要参数，如表 10-3-3 所示。

表 10-3-3　接插件的主要参数

主要参数	意　义
最高工作电压、工作电流	在正常工作条件下，插头、插座的接触对所允许的最高电压和最大电流
绝缘电阻	插头、插座的各接触对之间及接触对与外壳之间所具有的最低电阻值
接触电阻	插头插入插座后，接触对之间所具有的阻值
分离力	插头或插针拔出插座或插孔时所需要克服的阻力

二、常用的接插件

常用接插件简介，如表 10-3-4 所示。

表 10-3-4 常用接插件

名称	简介
电源插头、插座	一般家用
圆形插座	适用于无线电仪器仪表等电子设备
集成电路插座	专为双列直插式集成电路设计，常用的有 8 脚、16 脚、40 脚插座。先将集成电路插座固定在印制线路板上，再将集成电路插入插座中
印制电路板插座	印制电路板插座可以实现印制电路板与印制电路板间以及印制电路板与其他电路与器件间的连接。适用于单元电路或需经常变动测试的电子装置。购买时应注意印制板插头大小和厚度与接插件的配套
同心连接器	有 φ3.5mm 二芯与三芯插头和 φ6.3mm 二芯与三芯插头四种规格
小型视频连接器	俗称莲花插头，采用同轴传输信号的方式，中轴用来传输信号，外沿一圈的导电层用来接地。适用于频率在 12GHz 以下的无线电设备和电子仪器中作连接同轴电缆之用
条列式连接器	由插座和插头两部分组成，插座直接焊在印制电路板上；插头接触件采用压接形式与导线相连。适用于家用电器、电子仪器、计算机及无线电通信设备
圆形连接器	带螺纹上紧装置的接插件，适用于震动环境中的电路连接

续表

名　称	简　介	示例实物图
矩形连接器	有无锁紧装置和带锁紧装置两种，由插头和插座组成。适用于各种电子设备	
接线端子	电路内外部连接	
保险管盒	适用于整机电源电路	
鳄鱼夹	适用于电工、电子实验	

三、常用接插件的检测

对接插件检测的主要方法是直观检查和万用表检测。

直观检查就是通过视觉查看是否断线或引线相碰等，适用于插头外壳可以旋开进行检查的接插件。

用万用表的欧姆挡检测接触对的断开电阻和接触电阻，接触对的断开电阻值均应为∞；若断开电阻值为零，说明线路中有短路；接触对的接触电阻值均应小于 0.5Ω，若大于则说明存在接触不良。

第三部分　课后练习

10-3-1．调研身边使用的接插件，并将结果填入表 10-3-5 中。

表 10-3-5　接插件研究

名　称	用　途	应用场所	性能状况

反侵权盗版声明

电子工业出版社依法对本作品享有专有出版权。任何未经权利人书面许可，复制、销售或通过信息网络传播本作品的行为；歪曲、篡改、剽窃本作品的行为，均违反《中华人民共和国著作权法》，其行为人应承担相应的民事责任和行政责任，构成犯罪的，将被依法追究刑事责任。

为了维护市场秩序，保护权利人的合法权益，我社将依法查处和打击侵权盗版的单位和个人。欢迎社会各界人士积极举报侵权盗版行为，本社将奖励举报有功人员，并保证举报人的信息不被泄露。

举报电话：（010）88254396；（010）88258888
传　　真：（010）88254397
E-mail：　dbqq@phei.com.cn
通信地址：北京市万寿路173信箱
　　　　　电子工业出版社总编办公室
邮　　编：100036